高等学校"十三五"规划教材

现代仪器分析实验

干宁　沈昊宇　贾志舰　林建原　主编

化学工业出版社

·北京·

《现代仪器分析实验》共计 60 个实验，是《现代仪器分析》的配套教材，分为基本知识、实验（基础实验和综合实验）两章。其中，基础实验包括紫外-可见分光光度法、红外光谱法、原子吸收光谱法、分子荧光光谱法、气相色谱法、高效液相色谱法、电位分析法、伏安分析法等部分需开设的实验，综合实验则主要为一些大型应用型仪器实验项目，着眼于综合运用多种实验技能解决一个完整科学问题。本书所编实验与生产实际结合紧密，可提高学生的学习兴趣和为日后工作打下良好基础。

《现代仪器分析实验》可作为高等理工、师范院校，特别是地方综合性大学的化学化工类专业以及材料、生物、医学、环境等近化学类专业的化学实验教材，也可供相关专业科研人员参考。

图书在版编目（CIP）数据

现代仪器分析实验/干宁等主编．—北京：化学工业出版社，2019.2（2025.7重印）
高等学校"十三五"规划教材
ISBN 978-7-122-33403-9

Ⅰ.①现⋯　Ⅱ.①干⋯　Ⅲ.①仪器分析-实验-高等学校-教材　Ⅳ.①O657-33

中国版本图书馆 CIP 数据核字（2018）第 283179 号

责任编辑：宋林青　　　　　　　　　　文字编辑：刘志茹
责任校对：宋　夏　　　　　　　　　　装帧设计：关　飞

出版发行：化学工业出版社（北京市东城区青年湖南街 13 号　邮政编码 100011）
印　　装：北京天宇星印刷厂
787mm×1092mm　1/16　印张 10¾　字数 262 千字　2025 年 7 月北京第 1 版第 2 次印刷

购书咨询：010-64518888　　　售后服务：010-64518899
网　　址：http://www.cip.com.cn
凡购买本书，如有缺损质量问题，本社销售中心负责调换。

定　　价：25.00 元　　　　　　　　　　　　　　　　　　　　版权所有　违者必究

前　言

仪器分析是化学化工类专业学生必修的专业课程，也是环境检测、食品安全与检测、生物技术、临床检验等专业的基础课程。仪器分析方法已广泛地用于工业生产、科研等诸多领域，是一门实践性和实用性很强的学科。而仪器分析实验对于培养学生打好专业基础，日后从事科研工作具有十分重要的作用。本教材共计60个实验，是干宁、沈昊宇、贾志舰、林建原主编的《现代仪器分析》的配套实验教材，内容涵盖电化学、色谱分析、分子光谱、原子光谱、核磁共振、质谱和X光谱分析等内容，分为实验基础、电分析、分子光谱、原子光谱、色谱、能谱和综合实验等几个部分。其中仪器分析实验基础、电化学、分子光谱和能谱实验主要由宁波大学干宁，浙江医药高等专科学校李士敏，浙江万里学院王海丽、陈亮编写；色谱实验由浙江大学宁波理工学院沈昊宇、应丽艳，浙江万里学院张慧恩、蔡艳，宁波工程学院贾志舰、胡敏杰和宁波大学干宁编写；原子光谱实验由沈昊宇、周赛春和干宁编写；综合实验主要由干宁和浙江万里学院林建原、王海丽、陈亮老师编写，大多综合实验直接来源于本编写组的科研成果。

本书可作为高等理工、师范院校，特别是地方综合性大学化学化工类专业以及材料、生物、医学、环境等近化学类专业的实验教材，也可供相关专业科研人员参考。

由于编者水平有限，疏漏之处在所难免，敬请读者不吝赐教！

干宁
2018年8月于宁波大学

目 录

第一章 现代仪器分析实验基本知识 / 1

第一节 现代仪器分析实验基本要求 ·· 1
第二节 实验数据的记录和处理 ··· 3
第三节 样品采集和保存 ··· 10
第四节 样品前处理技术 ··· 12

第二章 实验内容 / 17

Ⅰ 电分析化学实验 ··· 17
   实验 1 电位滴定分析乙酸含量和解离常数的测定 ·· 17
   实验 2 离子选择性电极测定自来水中的氟 ··· 19
   实验 3 银丝汞膜电极法测定营养品中的微量元素 Zn ·· 23
   实验 4 库仑滴定法测定电镀液中的铬（Ⅵ） ·· 24
   实验 5 循环伏安法测定铁氰化钾的电化学扩散系数 ··· 26
   实验 6 聚苯胺的电化学法制备及降解特性研究 ··· 29
Ⅱ 分子光谱实验 ·· 31
   实验 7 紫外分光光度法测定芳香族化合物 ··· 31
   实验 8 紫外分光光度法测定废水中苯酚含量 ··· 33
   实验 9 氨基酸类物质的紫外光谱分析和定量测定 ·· 35
   实验 10 紫外-可见分光光度法测定鸡蛋中蛋白质的含量 ·· 37
   实验 11 红外光谱法测定几种有机物的结构 ·· 39
   实验 12 红外吸收光谱测定 8-羟基喹啉结构 ··· 43
   实验 13 荧光分光光度法测定维生素 C ·· 45
   实验 14 荧光素的最大激发波长和最大发射波长的测定 ·· 48
   实验 15 氨基酸类物质的荧光光谱分析 ··· 50
   实验 16 化学发光法测定水中铬（Ⅲ） ··· 51

Ⅲ 原子光谱实验 ··· 53

实验 17　火焰原子吸收光谱法测定头发中的钙 ·· 53
实验 18　石墨炉原子吸收光谱法测定奶粉中的铬 ·· 56
实验 19　原子吸收法测定可乐中钙、镁、锌、铁的含量 ·· 59
实验 20　电感耦合等离子发射光谱法测定水中痕量元素 ·· 62

Ⅳ 色谱实验 ··· 70

实验 21　气相色谱法分析空气中的氧气、氮气含量 ·· 70
实验 22　气相色谱法测定苯、甲苯和乙醇的含量 ·· 72
实验 23　气相色谱法测定食用酒中乙醇含量 ·· 75
实验 24　气相色谱定性定量分析乙酸乙酯中乙醇含量 ·· 78
实验 25　气相色谱（FID）法测定药物中有机溶剂残留量 ·· 81
实验 26　气相色谱（ECD）法测定水中的六六六、滴滴涕 ·· 84
实验 27　高效液相色谱仪的基本操作与色谱参数测定 ·· 87
实验 28　高效液相色谱柱性能测定方法 ·· 90
实验 29　高效液相色谱法测定黄体酮注射液中黄体酮的含量 ·· 94
实验 30　高效液相色谱法测定六味地黄丸中丹皮酚的含量 ·· 96
实验 31　高效液相色谱法测定食品添加剂苯甲酸（钠） ·· 99
实验 32　高效毛细管电泳法测定阿司匹林片中的水杨酸 ·· 101
实验 33　毛细管电泳仪分离测定运动型饮料中苯甲酸钠 ·· 104

Ⅴ 能谱实验 ··· 105

实验 34　核磁共振氢谱测定化合物的结构 ·· 105
实验 35　根据 ^{1}H NMR 推测有机化合物 $C_9H_{10}O_2$ 的分子结构 ·· 108
实验 36　利用 ^{13}C NMR 鉴定邻苯二甲酸二乙酯 ·· 111
实验 37　质谱法测定化合物的结构 ·· 115
实验 38　X 射线衍射对物质结构分析 ·· 116
实验 39　X 射线荧光光谱法分析水泥中的化学成分 ·· 119
实验 40　高效液相色谱法测定胶水中苯、甲苯、萘、联苯的含量 ································ 122
实验 41　差热与热重分析研究 $CuSO_4·5H_2O$ 的脱水过程 ·· 124
实验 42　热重法测定草酸盐混合物中的金属离子含量 ·· 128
实验 43　差示扫描量热法测量聚合物的热性能 ·· 129

Ⅵ 综合实验 ··· 132

实验 44　生化样品中微量元素的测定 ·· 132
实验 45　氨基酸的薄层色谱分离和鉴定 ·· 134
实验 46　巯基丁二酸配合物修饰金电极测定 H_2O_2 研究 ·· 136
实验 47　酱油中氯化钠的测定 ·· 137
实验 48　普通电镀液中主要成分的分析——化学镀镍溶液的成分分析 ···················· 138

实验 49	蔬菜、水果中的维生素 B_2 测定	140
实验 50	血液中雌激素的测定	142
实验 51	人尿液中尿酸的测定	145
实验 52	硅酸盐水泥成分的测定	147
实验 53	化妆品中山梨酸和脱氢乙酸的检测方法	150
实验 54	氢化物-原子荧光法测定水样中砷含量	152
实验 55	鉴定未知纯组分的结构	154
实验 56	$K_2Cr_2O_7$ 和 $KMnO_4$ 混合物含量的测定	155
实验 57	红外光谱法对果糖和淀粉的定性分析	156
实验 58	荧光分光光度法测定多维葡萄糖粉中维生素 B_2 的含量	159
实验 59	液相色谱法测定水果中果糖、葡萄糖、蔗糖的含量	161
实验 60	高效液相色谱法测定碳酸饮料中的苯甲酸	162

参考文献 / 164

第一章 现代仪器分析实验基本知识

第一节 现代仪器分析实验基本要求

仪器分析实验是仪器分析课程的重要内容。仪器分析实验是培养学生独立操作、观察记录、分析归纳、撰写报告等多方面能力的重要环节，主要目的如下：

① 使课堂教授的重要理论和概念得到验证、巩固、充实和提高，并适当地扩大知识面；

② 培养学生正确地掌握主要分析测试仪器（电化学、光谱、色谱、波谱等）实验操作技能；

③ 培养学生独立思考和工作能力、创新意识和能力；

④ 培养学生科学的工作态度和习惯。

为达到教学要求，学生必须有正确的学习态度和良好的学习方法，做到实验前认真预习，实验中认真操作和实验后认真撰写实验报告。

一、实验前的预习

学生进入实验室前，必须做好预习。实验前的预习，归纳起来是看、查、写三个字。

看：仔细阅读与本次实验有关的全部内容（实验指导书、理论教学课本）。

查：通过查阅书后附录、有关手册以及与本次实验相关的教程内容，了解实验中要用到的或可能出现的基本原理、化学物质的性质和有关理化常数。

写：在看和查的基础上认真写好预习报告。预习报告的具体内容及要求如下。

① 实验目的和要求，实验原理和反应方程式，需用的仪器和装置的名称及性能，溶液的浓度及配制方法，主要的试剂和产物的理化常数，主要试剂的规格用量都要一一写明。

② 根据实验内容用自己的语言正确地写出简明的实验步骤（不要照抄！），关键之处应加以注明，步骤中的内容可用符号简化。例如，化合物只写分子式，加热用"△"，加用"＋"，沉淀用"↓"，气体逸出用"↑"等符号表示，仪器以示意图代之。这样在实验前已

形成了一个工作提纲，实验时按此提纲进行。

③ 制备实验和提纯实验应列出制备或纯化过程和原理。

④ 对于实验中可能出现的问题（包括安全问题和导致实验失败的因素）要写出防范措施和解决办法。预习的内容包括：仔细阅读仪器分析实验教材和教科书中的相关内容，必要时参阅有关资料；明确实验的目的和要求，透彻理解实验的基本原理；明确实验的内容及操作步骤、实验时应注意的事项；认真思考实验前应准备的问题，并能从理论上加以解决；查阅有关教材、参考书、网络、手册，获得该实验所需的有关化学反应方程式、常数等；通过自己对本实验的理解，在记录本上简要地写好实验预习报告，预习报告的格式可以自己拟定，并在实践中不断加以改进。

二、仪器分析实验要求

① 实验开始前先清点仪器设备，如发现缺损，应立即报告教师（或实验室工作人员），并按规定手续向实验员补领。实验中如有仪器破损，应及时报告并按规定手续向实验员换取新仪器。对于大型贵重仪器，必须严格遵守相关规定，在教师指导和监控下进行操作。

② 实验时应保持实验室和桌面的整洁。实验中的废弃物应倒入废液缸中，严禁投入或倒入水槽中，以防水槽和下水管堵塞或腐蚀。

③ 实验时要爱护国家财产，注意节约水、电、试剂。按照化学实验基本操作规定的方法取用试剂。必须严格按照操作规程使用精密仪器，如发现仪器有故障，应立即停止使用，并及时报告指导教师。

④ 实验时应保持肃静，集中精力，认真操作，仔细观察实验现象，如实记录实验结果，及时地将观察到的实验现象及测得的各种数据如实地记录在专门的记录本上，记录必须做到简明、扼要、字迹整洁；积极思考问题，并运用所学理论解释实验现象，研究实验中的问题。如果发现实验现象和理论不符合，应认真检查原因，遇到疑难问题而自己难以解释时，可请教师解答，必要时重做实验。

⑤ 实验完毕，将玻璃仪器洗涤干净，放回原处。整理桌面，打扫水槽和地面卫生。

⑥ 实验室内的一切物品（仪器、试剂和产品）均不得带出实验室。

⑦ 实验完毕，将实验记录交教师审阅。

⑧ 在实验过程中，要认真学习有关分析方法的基本技术；要细心观察实验现象，仔细记录实验条件和分析测试的原始数据；要学会选择最佳实验条件；要积极思考、勤于动手，培养良好的实验习惯和科学作风。

⑨ 爱护实验仪器设备。实验中如发现仪器工作不正常，应及时报告，由教师处理。每次实验结束，应将所用仪器复原，清洗好用过的器皿，整理好实验室，请指导教师检查认可后方可离开实验室。

三、实验报告要求

做完实验后，应及时完成实验报告，交指导教师批阅。实验报告应该写得简明扼要。实验报告一般包括下列几个部分。

① 目的要求。

② 原理：尽量用自己的语言表达。

③ 主要仪器与试剂：常见的仪器装置要求画图。

④ 实验步骤和实验现象：尽量用简图、表格，或以化学式、符号等表示。
⑤ 数据记录和数据处理：以原始记录为依据。
⑥ 结果和讨论：根据实验的现象或数据进行分析、解释，得出正确的结论，并进行相关的讨论，或将计算结果与理论值比较，分析误差的原因。查阅有关原料和产物的物理常数，明确实验目的和要求，了解实验步骤、方法、注意事项和基本原理，做到心中有数，有条不紊地做好实验。

第二节　实验数据的记录和处理

一、误差

计量或测定中的误差是指测定结果与真实结果之间的差值，是客观存在的。在化学中，所用的数据、常数大多来自实验，通过计量或测定得到，即使用最可靠的分析方法，使用最精密的仪器，由很熟练的分析人员进行测定，也不可能得到绝对准确的结果。同一个人对同一样品进行多次测定，所得结果也不尽相同。在化学的计算中还常会有许多近似处理，这种近似处理所求得的结果与精确计算所得的结果之间也存在一定的误差。另外，化学计量的最终结果不仅表示了具体数值的大小，而且还表示了计量本身的精确程度。因此，有必要了解实验过程中，特别是物质组成的定量测定过程中误差产生的原因及其出现的规律，学会采取相应措施减小误差，以使测定结果接近客观真实值。

1. 误差的分类

根据产生的原因与性质，误差可以分为系统误差、偶然误差及过失误差三类。

（1）系统误差　系统误差是指在一定的实验条件下，由于某个或某些经常性的因素按某些确定的规律起作用而形成的误差。系统误差的大小、正负在同一实验中是固定的，会使测定结果系统偏高或系统偏低，其大小、正负往往可以测定出来。产生系统误差的主要原因是：①方法误差；②仪器误差；③试剂误差；④主观误差。系统误差又称为可测误差。

（2）偶然误差　亦称随机误差，是由于在测定过程中一系列有关因素微小的随机波动而形成的具有相互抵偿性的误差。其大小及正负在同一实验中不是恒定的，并很难找到产生的确切原因，故又称为不定误差。产生偶然误差的原因有许多，在操作中难以觉察、难以控制、无法校正，因此不能完全避免。偶然误差符合正态分布规律。

（3）过失误差　在测定过程中，由于操作者粗心大意或不按操作规程办事而造成的测定过程中溶液的溅失、加错试剂、看错刻度、记录错误，以及仪器测量参数设置错误等不应有的失误。

2. 误差的表示方法

（1）误差与准确度　误差可以用来衡量测定结果准确度的高低。准确度是指在一定条件下，多次测定的平均值与真实值的接近程度。误差越小，说明测定的准确度越高。误差可以用绝对误差和相对误差来表示：

绝对误差 $E = \bar{x} - x_T$

相对误差 $$RE = E/x_T$$

式中，$\overline{x}$ 为多次测定的算术平均值；x_T 为真实值。为了避免与物质的质量分数相混淆，相对误差一般常用千分率（‰）表示。

(2) 偏差与精密度　偏差又称为表观误差，是指各次测定值与测定的算术平均值之差。偏差可以用来衡量测定结果精密度的高低。精密度是指在同一条件下，对同一样品进行多次重复测定时各测定值相互接近的程度。偏差越小，说明测定的精密度越高。偏差同样可以用绝对偏差和相对偏差来表示。

偏差 $$d_i = x_i - \overline{x}$$

相对偏差 $$Rd_i = \frac{d_i}{\overline{x}}$$

平均偏差 $$\overline{d} = \frac{|d_1| + |d_2| + \cdots + |d_n|}{n} = \frac{\sum_{i=1}^{n}|x_i - \overline{x}|}{n}$$

相对平均偏差 $$R\overline{d}_i = \frac{\overline{d}}{\overline{x}}$$

(3) 准确度与精密度的关系　系统误差是主要的误差来源，它决定了测定结果的准确度；而偶然误差则决定了测定结果的精密度。评价一项分析结果的优劣，应该从测定结果的准确度和精密度两个方面入手。如果测定过程中没有消除系统误差，那么测定结果的精密度即使再高，也不能说明测定结果是准确的，只有消除了测定过程中的系统误差之后，精密度高的测定结果才是可靠的。

3. 误差的减免

系统误差可以采用一些校正的办法或制定标准规程的办法加以校正，使之减免或消除。采取适当增加测定次数，取其平均值的办法减小偶然误差。

二、有效数字

有效数字是指实际能够测量到的数字。也就是说，在一个数据中，除了最后一位是不确定的或是可疑的外，其他各位数字都是确定的。

有效数字的位数应与测量仪器的精度相对应。

必须运用有效数字的修约规则进行修约，做到合理取舍，既不无原则地保留过多位数使计算复杂化，也不随意舍弃任何尾数而使结果的准确度受到影响。目前所遵循的数字修约规则多采用"四舍六入五成双"规则。

有效数字的运算规则是：当测定结果是几个测量数据相加或相减时，所保留的有效数字的位数取决于小数点后位数最少的那个，即绝对误差最大的那个数据。当测定结果是几个测量数据相乘或相除时，所保留的有效数字的位数取决于有效数字位数最少的那个，即相对误差最大的那个数据。

三、实验数据的处理

分析化学中广泛地采用统计学的方法来处理各种分析数据，以便更科学地反映研究对象的客观实在。在统计学中，人们把所要分析研究的对象的全体称为总体或母体。从总体中随机抽取一部分样品进行平行测定所得到的一组测定值称为样本或子样。每个测定值称为个体。样本中所含个体的数目则称为样本容量或样本大小。

一般在表示测定结果之前，首先要对所测得的一组数据进行整理，排除有明显过失的测定值，再对有怀疑但又没有确凿证据的与大多数测定值差距较大的测定值，采取数理统计的方法决定取舍，最后进行统计处理，计算数据的平均值、各数据对平均值的偏差、平均偏差和标准偏差，最后按照要求的置信度求出平均值的置信区间，计算出结果可能达到的准确范围。

1. 测定结果的表示

通常报告分析测定结果应包括测定的次数、数据的集中趋势以及数据的分散程度等几个部分。

（1）数据集中趋势的表示　对于无限次测定，可以用总体平均值 μ 来衡量数据的集中趋势。对于有限次测定，一般有两种表示方法。

① 算术平均值
$$\overline{x} = \frac{1}{n}\sum_{i=1}^{n}x_i$$

② 中位数　将数据按大小顺序排列，位于正中的数据称为中位数。当 n 为奇数时，居中者即是；而当 n 为偶数时，正中两个数的平均值为中位数。

一般情况下，数据的集中趋势以第一种方法表示较好。只有在测定次数较少，又有大误差出现或是数据的取舍难以确定时，才以中位数表示。

（2）数据分散程度的表示
① 样本标准差
$$S = \sqrt{\frac{\sum_{i=1}^{n}(x_i - \overline{x})^2}{n-1}}$$

② 变异系数　单次测量结果的相对标准差称为变异系数。
$CV（相对标准偏差）= \dfrac{S}{\overline{x}}$

③ 极差与相对极差
极差 $R = x_{\max} - x_{\min}$
相对极差 $= R/\overline{x}$

④ 平均偏差 $\overline{d}$ 与相对平均偏差 $\dfrac{\overline{d}}{\overline{x}}$。

报告分析结果时，要体现出数据的集中趋势和分散情况，一般只需报告下列三项数值，就可进一步对总体平均值可能存在的区间作出估计：测定次数 n；平均值 $\overline{x}$，表示集中趋势（衡量准确度）；标准偏差 S，表示分散性（衡量精密度）。

2. 置信度与平均值的置信区间

由有限的测定数据所得到的算术平均值总带有一定的不确定性，因此，在实际工作中估计算术平均值与总体平均值的近似程度是很有意义的。测定值在一定范围内出现的概率就称为置信度或置信概率，以 P 表示；把测定值落在一定误差范围以外的概率（$1-P$）称为显著性水准，以 α 表示。

对于有限次测定，置信区间是指在一定置信度下，以平均值 $\bar{x}$ 为中心、包括总体平均值 μ 在内的范围，即

$$\mu = \bar{x} \pm t_{\alpha,f} S = \bar{x} \pm \frac{t_{\alpha,f} S}{\sqrt{n}}$$

此式表明真值与平均值的关系，说明平均值的可靠性。式中，S 为标准偏差；n 为测定次数；$t_{\alpha,f}$ 为在选定的某一置信度下的概率系数。$t_{\alpha,f}$ 可查表得到，一般是取 $P=95\%$ 时的 t 值，当然有时也可采用 $P=90\%$ 或 $P=99\%$ 时的 t 值。$t_{\alpha,f}S$ 称为误差限或估计精度，这个范围 $\left(\pm\dfrac{t_{\alpha,f}S}{\sqrt{n}}\right)$ 就是平均值的置信区间。

3. 显著性检验

从随机误差的分布规律可知，误差通常较小，小误差出现的概率大。当测量值与真值之间存在较大的即显著的差异时，就可以认为可能存在明显的系统误差。有没有系统误差就需要进行显著性检验。常用的显著性检验法是 t 检验法和 F 检验法。

（1）t 检验　不知道 σ，检验 $\bar{x}$ 与 μ，$\bar{x}_1$ 与 $\bar{x}_2$

① 比较平均值与标准值，统计量 $t = \dfrac{|\bar{x}-\mu|}{S}\sqrt{n}$

② 比较 $\bar{x}_1$ 与 $\bar{x}_2$，统计量 $t = \dfrac{|\bar{x}_1-\bar{x}_2|}{\bar{S}}\sqrt{\dfrac{n_1 n_2}{n_1+n_2}}$，$\bar{S}^2 = \dfrac{(n_1-1)S_1^2+(n_2-1)S_2^2}{n_1+n_2-2}$，$t > t_{表}$，有显著差异，否则无。

（2）F 检验　比较精密度，即方差 S_1 和 S_2，统计量 $F = \dfrac{S_{大}^2}{S_{小}^2}$。$F > F_{表}$，有显著差异，否则无。

4. 异常值的取舍

一组平行测定的数据中，个别数据与其他数据相差较大，离群较远，是舍弃还是保留，必须严谨慎重。如果是过失造成的，舍弃。不知原因不能任意取舍。异常值的取舍对最后结果的平均值影响很大，故必须按科学的统计方法来解决取舍。

（1）$4\bar{d}$ 法（简单，但误差大）　求出平均偏差 $\bar{d}$。$|x-\bar{x}|>4\bar{d}$，则测定值 x 可以舍去。

（2）格鲁布斯（Grubbs）法

步骤：a. 数据由小到大排列，$x_1, x_2, \cdots, x_n$，并求出 $\bar{x}$ 与 S。

b. 统计量 T　$T = \dfrac{|\bar{x}-x|}{S}$（$x$ 为可疑值）

c. 将 T 与表值 $T_{\alpha,n}$ 比较，$T>T_{\alpha,n}$，舍去。

（3）Q 检验法

步骤：a. 数据由小到大排列。

b. 计算统计量 $Q = \dfrac{x_n-x_{n-1}}{x_n-x_1}$（$x_n$ 为可疑值），$Q = \dfrac{x_2-x_1}{x_n-x_1}$（$x_1$ 为可疑值）

$\left(Q = \dfrac{|x_{可疑}-x_{邻近}|}{x_{\max}-x_{\min}}\right)$

c. 比较 Q 和 $Q_表$，若 $Q>Q_表$，舍去，反之保留。

5. 常用数据处理与记录

实验数据处理，就是以测量为手段，以研究对象的概念、状态为基础，以数学运算为工具，推断出某量值的真值，并导出某些具有规律性结论的整个过程。因此，对实验数据进行处理，可使人们清楚地观察到各变量之间的定量关系，以便进一步分析实验现象，得出规律，指导生产与设计。数据处理的常用方法有三种：列表法、图示法和回归分析法。

（1）列表法　将实验数据按自变量和因变量的关系，以一定的顺序列出数据表，即为列表法。列表法有许多优点，如为了不遗漏数据，原始数据记录表会给数据处理带来方便；列出数据使数据易比较；形式紧凑；同一表格内可以表示几个变量间的关系等。列表通常是整理数据的第一步，为标绘曲线图或整理成数学公式打下基础。设计实验数据表应注意的事项如下。

① 表格设计要力求简明扼要，一目了然，便于阅读和使用。记录、计算项目要满足实验需要，如原始数据记录表格上方要列出实验的有关常数项。

② 表头列出物理量的名称、符号和计算单位。符号与计量单位之间用斜线"/"隔开。斜线不能重叠使用。计量单位不宜混在数字之中，造成分辨不清。

③ 注意有效数字位数，即记录的数字应与测量仪表的准确度相匹配，不可过多或过少。

④ 物理量的数值较大或较小时，要用科学记数法表示。以"物理量的符号$\times 10^{\pm n}$/计量单位"的形式记入表头。注意：表头中的 $10^{\pm n}$ 与表中的数据应服从下式：物理量的实际值 $\times 10^{\pm n}$=表中数据。

⑤ 为便于引用，每一个数据表都应在表的上方写明表号和表题（表名）。表号应按出现的顺序编写并在正文中有所交代。同一个表尽量不跨页，必须跨页时，在跨页的表上须注"续表×××"。

⑥ 数据书写要清楚整齐。修改时宜用单线将错误的划掉，将正确的写在下面。各种实验条件及作记录者的姓名可作为"表注"，写在表的下方。

（2）图示法　实验数据图示法就是将整理得到的实验数据或结果标绘成描述因变量和自变量的依从关系的曲线图。该法的优点是直观清晰，便于比较，容易看出数据中的极值点、转折点、周期性、变化率以及其他特性，准确的图形还可以在不知数学表达式的情况下进行微积分运算，因此得到广泛的应用。实验曲线的标绘是实验数据整理的第二步，为得到与实验点位置偏差最小而光滑的曲线图形，正确作图必须遵循如下基本原则：

① 坐标系的恰当选择　常用的坐标系为直角坐标系、单对数坐标系和对数坐标系。

② 坐标纸的恰当选择　常用的坐标纸为直角坐标纸、单对数坐标纸和对数坐标纸。

③ 坐标分度的恰当选择　即选择适当的坐标比例尺。

具体作图时应注意的事项如下。

① 对于两个变量的系统，习惯上选横轴为自变量，纵轴为因变量。在两轴侧要标明变量名称、符号和单位。尤其是单位，初学者往往因受纯数学的影响而容易忽略。

② 坐标分度要适当，使变量的函数关系表现清楚。

③ 实验数据的标绘。若在同一张坐标纸上同时标绘几组测量值，则各组要用不同符号（如：○、△、×等）以示区别。若 n 组不同函数同绘在一张坐标纸上，则在曲线上要标明函数关系的名称。

④ 图必须有图号和图题（图名），图号应按出现的顺序编写，并在正文中有所交代。必

要时还应有图注。

⑤ 图线应光滑。利用曲线板等工具将各离散点连接成光滑曲线，并使曲线尽可能通过较多的实验点，或者使曲线以外的点尽可能位于曲线附近，并使曲线两侧的点数大致相等。

（3）回归分析法　目前，在寻求实验数据各变量关系间的数学模型时，应用最广泛的一种数学方法即回归分析法。用这种数学方法可以从大量观测的散点数据中寻找到能反映事物内部的一些统计规律，并可以用数学模型形式表达出来。回归分析法与计算机相结合，已成为确定经验公式最有效的手段之一。回归也称拟合。对具有相关关系的两个变量，若用一条直线描述，则称一元线性回归，用一条曲线描述，则称一元非线性回归。对具有相关关系的三个变量，其中一个因变量、两个自变量，若用平面描述，则称二元线性回归，用曲面描述，则称二元非线性回归。以此类推，可以延伸到 n 维空间进行回归，则称多元线性回归或多元非线性回归。处理实验问题时，往往将非线性问题转化为线性来处理。建立线性回归方程的最有效方法为线性最小二乘法，以下主要讨论用最小二乘法回归一元线性方程。

在科学实验的数据统计方法中，通常要从获得的实验数据 $(x_i, y_i, i=1, 2, \cdots, n)$ 中，寻找其自变量 x_i 与因变量 y_i 之间的函数关系 $y=f(x)$。由于实验测定数据一般都存在误差，因此，不能要求所有的实验点均在 $y=f(x)$ 所表示的曲线上，只需满足实验点 (x_i, y_i) 与 $f(x_i)$ 的残差 $d_i=y_i-f(x_i)$ 小于给定的误差即可。此类寻求实验数据关系近似函数表达式 $y=f(x)$ 的问题称为曲线拟合。曲线拟合首先应针对实验数据的特点，选择适宜的函数形式，确定拟合时的目标函数。例如在取得两个变量的实验数据之后，若在普通直角坐标纸上标出各个数据点，如果各点的分布近似于一条直线，则可考虑采用线性回归求其表达式。

设给定 n 个实验点 $(x_1, y_1), (x_2, y_2), \cdots, (x_n, y_n)$，可以利用一条直线来代表它们之间的关系：

$$y'=a+bx$$

式中　y'——由回归式算出的值，称回归值；

a, b——回归系数。

其中

$$b=\frac{\sum(x_iy_i)-n\overline{x}\,\overline{y}}{\sum x_i^2-n(\overline{x})^2}$$

$$a=\overline{y}-b\overline{x}$$

引入相关系数 r 对回归效果进行检验，相关系数 r 是说明两个变量线性关系密切程度的一个数量性指标。若回归所得线性方程为：$y'=a+bx$，则相关系数 r 的计算式为：

$$r=\frac{\sum(x_i-\overline{x})(y_i-\overline{y})}{\sqrt{\sum(x_i-\overline{x})^2\sum(y_i-\overline{y})^2}}$$

r 的变化范围为 $-1\leqslant r\leqslant 1$，其正、负号取决于 $\sum(x_i-\overline{x})(y_i-\overline{y})$，与回归直线方程的斜率 b 一致。当 $r=\pm 1$ 时，即 n 组实验值 (x_i, y_i)，全部落在直线 $y=a+bx$ 上，此时

称完全相关。当 $0<|r|<1$ 时，代表绝大多数的情况，这时 x 与 y 存在着一定线性关系。当 $r>0$ 时，y 随 x 增加而增加，此时称 x 与 y 正相关。当 $r<0$ 时，y 随 x 增加而减少，此时称 x 与 y 负相关。$|r|$ 越小，散点离回归线越远，越分散。当 $|r|$ 越接近 1 时，即 n 组实验值 (x_i, y_i) 越靠近 $y=a+bx$，变量与 x 之间的关系越接近于线性关系。当 $r=0$ 时，变量之间就完全没有线性关系。没有线性关系，并不等于不存在其他函数关系。

（4）实验数据的记录

① 实验数据的记录应有专门的、预先编有页码的实验记录本。记录实验数据时，本着实事求是和严谨的科学态度，对各种测量数据及有关现象，认真并及时准确地记录下来。切忌夹杂主观因素随意拼凑或伪造数据。绝不能将数据记录在单片纸或记在书上、手掌上等。

② 实验开始之前，应首先记录实验名称、实验日期、实验室气候条件（包括温度、湿度和天气状况等）、仪器型号、测试条件及同组人员姓名等。

③ 实验过程中测量数据时，应根据所用仪器的精密度正确记录有效数字的位数。用万分之一分析天平称量时，要求记录至 0.0001g；移液管及吸量管的读数应记录至 0.01mL；用分光光度计测量溶液的吸光度时，如吸光度在 0.6 以下，读数记录至 0.001，大于 0.6 时，读数记录至 0.01。

④ 实验过程中的每一个数据都是测量结果，重复测量时，即使数据完全相同，也应认真记录下来。

⑤ 记录过程中，对文字记录，应整齐清洁；对数据记录，应采用一定表格形式，当发现数据算错、测错或读错需要改动时，可将该数据用双斜线划去，在其上方书写正确的数字，并由更改人在数据旁签字。

⑥ 实验完毕，将完整实验数据记录交给实验指导教师检查并签字。

（5）实验数据的处理和结果表达　实验数据的处理是将测量的数据经科学的数学运算，推断出某量值的真值或导出某些具有规律性结论的整个过程。通常包括实验数据的表达、数据的统计学计算和结果表达。

（6）实验数据的表达　数据表达可用列表法、图解法和数学方程式表示法显示实验数据间的相互关系、变化趋势等相关信息，清楚地反映出各变量之间的定量关系，以便进一步分析实验现象，得出规律性结论。

① 列表法　列表法是将有关数据及计算按一定形式列成表格，具有简单明了、便于比较等优点。实验的原始数据一般用列表法记录。

② 图解法　图解法是将实验数据各变量之间的变化规律绘制成图，能够把变量间的变化趋向，如极大、极小、转折点、周期性以及变化速率等重要特性直观地显示出来，便于进行分析研究。该法现在主要通过计算机相关处理软件进行绘图。

③ 数学方程式表示法　仪器分析实验数据的自变量与因变量之间多呈直线关系，或是经过适当变换后，使之呈现直线关系，通过计算机相关处理软件处理后便得到相应的数学方程式（也叫回归方程）。许多分析方法利用这一特性由数学方程式计算出待测组分的含量。

（7）数据的统计学处理　在仪器分析实验中主要涉及的统计学处理有可疑值的取舍、平均值、标准偏差和相对标准偏差等，有关计算方法参阅相关教材内容。对于分析结果，当含量大于 1% 且小于 10% 时，用 3 位有效数字表示；当含量大于 10% 时，则用 4 位有效数字表示。

根据测量仪器的精密度和计算过程的误差传递规律，正确地表达分析结果，必要时还要表达其置信区间。对于方法的正确性,要从精密度和准确度两个方面进行评价。精密度可以用重复性实验进行评价,即在一个相当短的时间内,用选用的方法对同一份样品进行多次(一般最多 20 次)重复测定,要求其变异系数(相对标准偏差)小于 5%;准确度可用回收实验进行评价,即将被测物的标准溶液加入待测试样中作为回收样品,原待测试样中加入等量的无被测物的溶剂作为基础样品,然后同时用选用方法对两试样进行测定,通过以下公式计算出回收率:

$$回收率 = \frac{回收浓度}{加入浓度} \times 100\%$$

要求回收率应为 95%~105%。

第三节　样品采集和保存

任何仪器分析操作都不可能一次把待分析对象全部进行测定,一般是通过对全部样品中一部分有代表性物质的分析测定,来推断被分析对象总体的性质。分析对象的全体称为总体,它是一类属性完全相同的物质。构成总体的每一个单位称为个体。从总体中抽出部分个体,作为总体的代表性物质进行分析,这部分个体的集合体称为样品。从总体中抽取样品的操作过程称为采样。

一、样品采集的原则

采集样品的原则可概括为代表性、典型性和适时性。

(1) **代表性**　采集的样品必须能充分代表被分析总体的性质。如仓库中粮食样品的采集,需按不同方向、不同高度采集,即按三层(上、中、下)五点(四周及中心)法分别采集,将其混合均匀后再按四分法进行缩分,得到分析所需的样品。植物油、牛奶、酱油、饮料等液体样品,应充分混匀后再采集。

(2) **典型性**　对有些样品的采集,应根据检测目的,采集能充分说明此目的的典型样品。例如对掺假食品的检测,应仔细挑选可疑部分作为样品,而不能随机采样。

(3) **适时性**　某些样品的采集要有严格的时间概念。如发生食物中毒时,应立即赴现场采集引起食物中毒的可疑样品。对于污染源的监测,应根据检测目的,选择不同时间采集样品。

样品采集时要避免样品的污染和被测组分的损失,因此要选择合适的采样器具和采样方法。采样时要详细记录采样时间、地点、位置、温度和气压等。采样量应能满足检测项目对样品量的需要,至少采集两份样品,一份作为保存样品,以备复检或仲裁之用。

二、各类样品的采集方法

样品的采集方法与样品的种类、分析项目、被测组分浓度等因素有关。仪器分析实验涉及的样品种类主要有气体样品、液体样品、一般固体样品、食品和生物材料等几种。

1. 气体样品的采集

① 常压下,取样用一般吸气装置,如吸筒、抽气泵,使盛气瓶产生真空,自由吸入气

体试样。

② 若气体压力高于常压，取样时可用球胆、盛气瓶直接盛取试样。

③ 若气体压力低于常压，取样时先将取样器抽成真空，再用取样管接通进行取样。

2. 液体样品的采集

① 对于装在大容器中的液体，采用搅拌器搅拌或用无油污、水等杂质的空气，深入容器底部充分搅拌，然后用内径约 1cm、长 80～100cm 的玻璃管，在容器的不同深度和不同部位取样，经混匀后供分析。

② 对于密封式容器的液体，先将前面一部分放出并弃去，再接取供分析用的试样。

③ 对于一批中分几个小容器分装的液体，先分别将各容器中试样混匀，然后按该产品规定的取样量，从各容器中取近等量试样于一个试样瓶中，混匀供分析。

④ 对于水管中的液体，应先放去管内静水，取一根橡皮管，其一端套在水管上，另一端插入取样瓶底部，在瓶中装满水后，让其溢出瓶口少许即可。

⑤ 对于河、池等水源，应在尽可能背阴的地方，离水面以下 0.5m 深度，离岸 1～2m 处取样。

3. 一般固体样品的采集

① 粉状或松散样品的采集，如精矿、石英砂、化工产品等，其组成较均匀，可用探料钻插入包内钻取。

② 对于金属锭块或制件，一般可用钻、刨、切削、击碎等方法，按锭块或制件的采样规定采取试样。

③ 大块物料，如矿石、焦炭、块煤等，不但组分不均匀，而且大小相差很大，所以采样时应以适当的间距，从各个不同部分采取小样，原始样品一般按全部物料的千分之一至万分之三采集小样。

4. 食品样品的采集

食品检测项目主要有食品的营养成分、功效成分、鲜度、添加剂及污染物等。可按随机抽样、系统抽样和指定代表性样品的方法取样。随机抽样时，总体中每份样品被抽取的概率都相同，如检验食品的合格率，分析食品中某种营养素的含量是否符合国家卫生标准。系统抽样适用于性质随空间、时间变化规律已知的样品采集，如分析生产流程对食品营养成分的破坏或污染情况。指定代表性样品适用于掺假食品、变质食品的检验，应选择可疑部分取样。

5. 生物材料样品的采集

生物材料指人或动物的体液、排泄物、分泌物及脏器等，包括血液、尿液、毛发、指甲、唾液、呼出气、组织和粪便等。

(1) 血液 包括全血、血浆和血清，可反映机体近期的情况，成分比较稳定，取样污染少，但取样量和取样次数受限制。可采集手指血、耳垂血或静脉血。根据被测物在血液中的分布，分别选取全血、血浆和血清进行分析。

(2) 尿液 由于大多数毒物及其代谢物经肾脏排出，同时尿液的收集也比较方便，所以尿液作为生物材料在临床和卫生检验中应用较广。但尿液受饮食、运动和用药的影响较大，还容易带入干扰物质，所以测定结果需加以校正或综合分析。尿液可根据检测目的采集 24h 混合尿、晨尿及某一时间的一次尿。全尿能代表一天的平均水平，结果比较稳定，但收集比较麻烦,且容易受污染。实践表明,晨尿和全日尿的许多项目测定结果之间无显著性差异,因此常用晨尿代替全日尿。采样容器为聚乙烯瓶或用硝酸溶液浸泡过的玻璃瓶。

(3) 毛发　毛发作为生物样品的优点如下:毛发是许多重金属元素的蓄积库,含量比较固定;毛发可以记录外部环境对机体的影响,头发每月生长 1~1.5cm,它能反映机体在近期或过去不同阶段物质吸收和代谢的情况;头发易于采集,便于长期保存。但毛发易受环境污染,所以毛发样品的洗涤非常重要,既要洗去外源性污染物,又要保证内源性被测成分不损失。采样应取枕部距头皮 2cm 左右的发段,取样量 1~2g。

(4) 唾液　唾液作为生物材料样品,具有采样方便、无损伤、可反复测定的优点。唾液分为混合唾液和腮腺唾液。前者易采集,应用较多;后者需用专用取样器,样品成分较稳定,受污染的机会少。

(5) 组织　组织主要包括尸检或手术后采集的肝、肾、肺等脏器。尸体组织最好在死后 24~48h 之内取样,并要防止所用器械带来的污染。采集的样品应尽快分析,否则需将样品冷冻保存。

三、试样的保存

采集的样品保存时间越短,分析结果越可靠。能够在现场进行测定的项目,应在现场完成分析,以免在样品的运送过程中,待测组分由于挥发、分解和被污染等原因造成损失。若样品必须保存,则应根据样品的物理性质、化学性质和分析要求,采取合适的方法保存样品。采用低温,冷冻,真空,冷冻真空干燥,加稳定剂、防腐剂或保存剂,通过化学反应使不稳定成分转化为稳定成分等措施,可延长保存期。普通玻璃瓶、棕色玻璃瓶、石英试剂瓶、聚乙烯瓶、袋或桶等常用于保存样品。

第四节　样品前处理技术

分析仪器灵敏度的提高及分析对象基体的复杂化,对样品前处理提出了更高的要求。目前,现代分析方法中样品前处理技术的发展趋势是速度快、批量大、自动化程度高、成本低、劳动强度低、试剂消耗少、利于人员健康和环境保护、方法准确可靠,这也是评价样品前处理方法的准则。

样品前处理指样品的制备和对样品采用合适分解和溶解及对待测组分进行提取、净化、浓缩的过程,使被测组分转变成可测定的形式以进行定量、定性分析检测。若选择的前处理手段不当,常常使某些组分损失、干扰组分的影响不能完全除去或引入杂质。样品前处理的目的是消除基体干扰,提高方法的准确度、精密度、选择性和灵敏度。因此,样品前处理是分析检测过程的关键环节,只要检测仪器稳定可靠,检测结果的重复性和准确性就主要取决于样品前处理。方法的灵敏度也与样品前处理过程有着重要的关系。一种新的检测方法,其分析速度往往取决于样品前处理的复杂程度。

测定各类样品中的金属元素,一般需首先破坏样品中的有机物质。选用何种方法,在某种程度上取决于分析元素和被测样品的基体性质。本章主要介绍几种常用的前处理方法。

一、干灰化法

1. 高温干灰化法

一般将灰化温度高于100℃的方法称为高温干灰化法。高温干灰化法对于破坏生化、环境和食品等样品中的有机基体是行之有效的。样品一般先经100～105℃干燥，除去水分及挥发物质。灰化温度及时间是需要选择的，一般灰化温度为450～600℃。通常将盛有样品的坩埚（一般可采用铂金坩埚、陶瓷坩埚等）放入马弗炉内进行灰化灼烧，冒烟直到所有有机物燃烧完全，只留下不挥发的无机残留物。这种残留物主要是金属氧化物以及非挥发性硫酸盐、磷酸盐和硅酸盐等。这种技术最主要的缺点是可以转变成挥发性形式的成分会很快地部分或全部损失。灰化温度不宜过低，温度低则灰化不完全，残存的小炭粒易吸附金属元素，很难用稀酸溶解，造成结果偏低；灰化温度过高，则损失严重。高温干灰化法一般适用于金属氧化物，因为大多数非金属甚至某些金属常会氧化成挥发性产物，如As、Sb、Ge、Ti和Hg等易造成损失。

食品样品分析中多采用高温干灰化法，一般控制在450～550℃进行干灰化，灰化温度若高于550℃会引起样品的损失。食品样品中铅和铬的分析，灰化温度一般在450～550℃范围内。但对于含氯的样品，由于可能形成挥发性氯化铅，需采取措施防止铅的损失。对于鸡蛋、罐头肉、牛奶、牛肉等多种食品中铅的分析，这种高温干灰化破坏有机物的方法是可行的。

高温干灰化法的优点是能灰化大量样品，方法简单，无试剂污染，空白低。但对于低沸点的元素常有损失，其损失程度取决于灰化温度和时间，还取决于元素在样品中的存在形式。

2. 低温干灰化法

为了克服高温干灰化法因挥发、滞留和吸附而损失痕量金属等问题，常采用低温干灰化法。用电激发的氧分解生物样品的低温灰化器，灰化温度低于100℃，每小时可破坏1g有机物质。这种低温干灰化法已用于原子吸收测定动物组织中的铍、镉和碲等易挥发元素。低温等离子体灰化方法可避免污染和挥发损失以及湿法灰化中的某些不安全性。将盛有试样的石英皿放入等离子体灰化器的氧化室中，用等离子体破坏样品的有机部分，而无机成分不挥发。低温灰化的速度与等离子体的流速、时间、功率和样品体积有关。目前，氧等离子体灰化器已用于糖和面粉等样品的前处理。

二、湿式消解法

湿式消解法属于氧化分解法。用液体或液体与固体混合物作氧化剂，在一定温度下分解样品中的有机质，此过程称为湿式消解。湿式消解法与干灰化法不同。干灰化法是靠升高温度或增强氧的氧化能力来分解样品中的有机质，而湿式消解法则是依靠氧化剂的氧化能力来分解样品，温度并不是主要因素。湿式消解法常用的氧化剂有HNO_3、H_2SO_4、$HClO_4$、H_2O_2和$KMnO_4$等。湿式消解法又分为以下几种方法。

1. 稀酸消解法

对于不溶于水的无机试样，可用稀的无机酸溶液处理。几乎所有具有负标准电极电位的金属均可溶于非氧化性酸，但也有一些金属例外，如Cd、Co、Pb和Ni与盐酸反应速率过慢，甚至钝化。许多金属氧化物、碳酸盐、硫化物等也可溶于稀酸介质中。为加速溶解，必要时可加热。

2. 浓酸消解法

为了溶解具有正标准电极电位的金属，可以采用热的浓酸，如 HNO_3、H_2SO_4、H_3PO_4 等。样品与酸可以在烧杯中加热沸腾，或加热回流，或共沸至干。为了增强处理效果，还可采用钢弹技术，即将样品与酸一起加入内衬铂或聚四氟乙烯层的小钢弹中，然后密封，加热至酸的沸点以上。这种技术既可保持高温，又可维持一定压力，挥发性组分又不会损失。热浓酸溶解技术还适用于合金、某些金属氧化物、硫化物、磷酸盐以及硅酸盐等。若酸的氧化能力足够强，且加热时间足够长，有机和生物样品就完全被氧化，各种元素以简单的无机离子形式存在于酸溶液中。

3. 混合酸消解法

混合酸消解法是破坏生物、食品和饮料中有机体的有效方法之一。通常使用的是氧化性酸的混合液。混合酸往往兼有多种特性，如氧化性、还原性和配位性，其溶解能力更强。

常用的混合酸是 HNO_3-$HClO_4$，一般是将样品与 $HClO_4$ 共热至发烟，然后加入 HNO_3 使样品完全氧化。可用于乳类食品（其中的 Pb）、油（其中的 Cd、Cr）、鱼（其中的 Cu）和各种谷物食品（其中的 Cd、Pb、Mn、Zn）等样品的灰化，对于毛发样品的消解也有良好的效果。

HNO_3-H_2SO_4 混合酸消解样品时，先用 HNO_3 氧化样品至只留下少许难以氧化的物质，待冷却后，再加入 H_2SO_4，共热至发烟，样品完全氧化。HNO_3 和 H_2SO_4 适用于鱼（其中的 Cd）、面粉（其中的 Cd、Pb）、米酒（其中的 Al）、牛奶（其中的 Pb）及蔬菜和饮料（其中的 Cd）等样品的灰化处理。HNO_3、H_2SO_4 和 $HClO_4$ 可用来灰化处理多种样品，如鱼、鸡蛋、奶制品、面粉、人发、胡萝卜、苹果、粮食等。HF-HNO_3（或 HF-H_2SO_4）、HCl-HNO_3 混合酸在消解样品时，HF、HCl 能提供阴离子，而另一种酸具有氧化能力，可促进样品的消解。

湿式消解法中使用较为广泛的混合酸还有 HNO_3-H_2O_2、HNO_3-H_2SO_4-H_2O_2。这些混合酸在测定面粉中的 Al、鱼中的 Cu、Zn 和茶叶中的 Cd 时的样品处理中，都取得满意效果。

4. 酸浸提法

酸浸提法是以酸从样品中提取金属元素的方法，是处理样品的基本方法之一。用 HCl 溶液可以提取多种样品中的微量元素。如在 0.5g 均匀食物或粪便中加入 $1mol \cdot L^{-1}$ 的 HCl 溶液 6mL，放置 24h，即可定量提取样品中的 Zn。这种简易的提取法还可用来提取其他金属元素。如血浆在 $2mol \cdot L^{-1}$ 的 HCl 介质中于 60℃ 加热 1h，其中的 Mn 可被定量提取；全血及牛肝中的 Cd、Pb、Cu、Mn、Zn 可用 1% HNO_3 溶液定量提取；用三氯乙酸可从血清蛋白中提取出 Fe 和其他金属元素。实验结果表明，以酸浸提法处理样品的分析结果与使用混合酸 HNO_3、H_2SO_4 和 $HClO_4$ 加热消解所得结果相一致。

5. 微波溶样

微波是指波长为 0.1mm～1m 的电磁辐射。微波溶样是利用样品与酸吸收微波能量，并将其转化为热能而完成的。能量的转化过程也就是样品与酸被加热的过程。这种加热过程引起酸与样品间较大的热对流，搅动并消除已溶解的不活泼样品表层，促进酸与样品更有效地接触，因而加速了样品的分解。在微波溶样的过程中，样品与酸（必要时还有助剂）存放在聚四氟乙烯压力罐中，罐体不吸收微波，微波穿透罐壁作用于样品及酸液。快速变化的磁场诱导样品分子极化，样品极化分子以极快速度的排列产生张力，使得样品表面被不断破坏，样品表层分子迅速破裂，不断产生新的分子表层。通常压力罐内的最高温度和压力可达 200℃和 1.38MPa。在这样的高温高压环境下，样品的表面分子与产生的氧发生作用，达到反复氧化的目的，使样品迅速溶解；同时，氧化性酸及氧化剂的氧化电位也显著增大，使得样品更容易被氧化分解。因此，微波对样品与酸液之间的反应有很强的诱发和激活作用，能使反应在很短时间内达到相当剧烈的程度。这是其他溶样方法所不具备的。为了提高样品的溶解效率，以正交实验优化实验参数，如采用单一酸还是混合酸、微波功率、溶样时间及压力、样品量和样品的粒度、溶解样品的容器材料及体系的敞开或密封等。

微波溶样技术常用的消解液有 $HNO_3-H_2O_2$、HNO_3-HClO_4、$HNO_3-HCl-HClO_4$、HNO_3-HClO_4-HF、HNO_3-HCl、$HNO_3-H_2SO_4$ 等。也有用碱液代替酸液的报道，如用 $LiOH$ 和 H_2O_2 消解不同的矿物及金属氧化物的混合物样品，测定其中的 Mo、W、Th、Cd 和 V 等元素。微波溶样技术具有溶样时间短、试剂用量少、回收率高、污染小、样品溶解完全等优点。因此，在分析领域中的应用越来越广泛，现已用于生物、地质、植物、食品、中药材、环境以及金属等样品的溶解。

三、熔融分解法

某些样品用酸不能分解或分解不完全，常采用熔融分解法。熔融分解法将试样和熔剂在坩埚中混匀，于 500～900℃的高温下进行熔融分解。利用熔融分解试样一般是复分解反应，通常也是可逆反应，因此必须加入过量的熔剂，以利于反应的进行。采用熔融分解法，只要熔剂及处理方法选择适当，任何岩石和矿样均可达到完全分解的目的，这是熔融分解法的最大优点。但是，由于熔融分解法的操作温度较高，有时高达 1200℃以上，且必须在一定的容器中进行，这样除由熔剂带进大量金属离子外，还会带进一些容器材料，给以后的分析测定带来影响，甚至使某些测定不能进行。因此，在选择试样分解方法时，应尽可能地采用溶解的方法。对一些试样也可以先用酸溶解分解，剩下的残渣再用熔融分解法处理。

熔融分解法按所用熔剂的性质可分为酸熔和碱熔两类。酸熔采用的酸性熔剂为钾（钠）的酸性硫酸盐、焦硫酸盐及酸性氟化物等；碱熔采用的碱性熔剂为碱金属的碳酸盐、硼酸盐、氢氧化物及过氧化物等。分解样品的容器必须进行选择，以防止容器组分进入试液，给后面的分析带来误差，也可防止容器的损坏。对于酸熔，一般使用玻璃容器，若用氢氟酸时，应采用聚四氟乙烯坩埚，但处理样品温度不能超过 250℃；若温度更高，则需使用铂坩埚。对于碳酸盐、硫酸盐、氟化物以及硼酸盐等样品，则应使用铂金坩埚；对于氧化物、氢氧化物以及过氧化物，宜用石墨坩埚和刚玉坩埚。

在样品分解过程中产生的误差可能来自以下几个方面：由于试剂的纯度；由于反应体系的敞开和加热，挥发性组分的损失；分解样品的容器选择不当而引入的杂质，以及由于分解条件不当而造成的损失。例如用 H_3PO_4 溶解时，加热时间过长而析出微溶的焦磷酸盐，同时也会腐蚀玻璃容器。

四、生物样品的预处理示例

对生物试样中微量无机成分的测定，通常采用原子吸收光谱法、等离子体原子发射光谱分析法和等离子体质谱法。生物样品包括动植物的组织、血液、尿液、水产品和奶制品等试样，一般采用混合酸（如 HNO_3-H_2O_2、HNO_3-$HClO_4$）反复处理直至样品溶液呈淡黄色。植物样品风干或烘干，粮食样品经破碎过筛后称量，将样品放入马弗炉内进行灰化灼烧，冒烟直到所有有机物燃烧完全，只留下不挥发的无机残留物，呈灰白色，再用 HNO_3 或 HCl 溶解灰分，被测元素转入溶液中。常用的方法为高温干灰化法，温度控制在 450~650℃。

例如，石墨炉原子吸收法测定粮食样品中的铅和镉时，样品处理方法如下：准确称取 2.0~5.0g 于 105℃烘干的试样，置于坩埚中，在高温炉内用小火炭化至无烟后，冷却。小心滴加几滴 HNO_3，使残渣湿润，然后用小火蒸干，再移入高温炉中于 600℃灰化 2h，冷却，取出。如灰化不完全，再按上述操作滴加 HNO_3 湿润残渣，小火蒸干，移入高温炉中，于 600℃继续灰化直至样品全部变成白色残渣，冷却后取出。残渣先加少量二次石英亚沸蒸馏水湿润，再加入 $1mol·L^{-1}$ HNO_3 溶液 2mL，转移至 25mL 容量瓶中，坩埚用二次蒸馏水少量多次冲洗，洗液并入容量瓶中，定容。同时做试剂空白。所用的试剂为优级纯。

五、岩石、土壤试样的预处理示例

测定岩石、土壤中微量元素时，试样的预处理方法可根据待测元素的种类选择上述分解方法。称取 0.2000g 样品置于聚四氟乙烯坩埚中，用少量蒸馏水将样品润湿，准确加入内标元素钯，其浓度为 $10.0mg·mL^{-1}$。再加入 1.0mL $HClO_4$、4.0mL HCl、2.0mL HNO_3、6.0mL HF，盖上坩埚盖，放在电热板上，温度控制在 120℃回流 1h，放置过夜。第二天取下坩埚盖，并将盖上的溶液用蒸馏水冲洗干净，在 180℃的条件下加热蒸干。取下冷却后，加入 1.0mL $HClO_4$ 和 10mL 蒸馏水，继续加热蒸干。将样品取下放入瓷盘中，冷却后加入 1+1 王水 5.0mL，加热。待样品完全溶解后，取下冷却，用蒸馏水定容到 10mL 容量瓶中，摇匀待测。其测定可以用原子吸收光谱法以及电感耦合等离子体发射光谱法。采用多道电感耦合等离子体直读光谱仪，一次进样，可以同时测定 Si、Al、Fe、Mg、Ca、Na、K、Ti、Mn 及 P 等几十种元素，分析速度快，且精密度好。

第二章

实验内容

Ⅰ 电分析化学实验

实验 1 电位滴定分析乙酸含量和解离常数的测定

一、实验目的

1. 学习电位滴定的基本原理和操作技术。
2. 运用 pH-V 曲线和 $(\Delta pH/\Delta V)$-V 曲线与二阶微商法确定滴定终点。
3. 学习测定弱酸解离常数的方法。

二、实验原理

乙酸 CH_3COOH（俗称醋酸，HAc）为一元弱酸，其 $pK_a=4.74$，当以碱标准溶液滴定乙酸试液时，在化学计量点附近可以观测到 pH 值的突跃。

以玻璃电极与饱和甘汞电极插入试液即组成如下的工作电池：

Ag，$AgCl|HCl$（$0.1mol \cdot L^{-1}$）|玻璃膜|HAc 试液‖KCl(饱和)|Hg_2Cl_2，Hg

该工作电池的电动势在酸度计上反映出来，并表示为滴定过程中的 pH 值，记录加入标准碱溶液的体积 V 和相应被滴定溶液的 pH 值，然后由 pH-V 曲线或 $(\Delta pH/\Delta V)$-V 曲线求得终点时消耗的碱标准溶液的体积，也可用二阶微商法，于 $\Delta^2 pH/\Delta V^2=0$ 处确定终点。根据碱标准溶液的浓度、消耗的体积和试液的体积，即可求得试液中乙酸的浓度或含量。

根据乙酸的解离平衡

$$HAc \rightleftharpoons H^+ + Ac^-$$

其解离常数为

$$K_a = \frac{[H^+][Ac^-]}{HAc}$$

当滴定分数为50%时，$[Ac^-]=[HAc]$，此时$K_a=[H^+]$，即$pK_a=pH$。因此在滴定分数为50%处的pH值，即为乙酸的pK_a值。

三、仪器和试剂

仪器：电位滴定仪（见图1）；磁搅拌器。

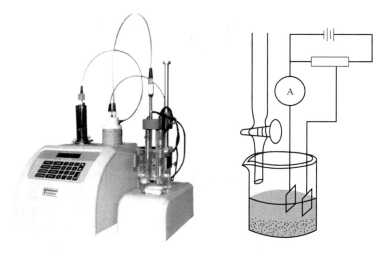

图1 电位滴定仪及其内部结构

试剂：$1.000\ mol \cdot L^{-1}$草酸标准溶液；$0.1\ mol \cdot L^{-1}$ NaOH标准溶液（浓度待标定）；乙酸试液（浓度约$0.1\ mol \cdot L^{-1}$）；$0.05\ mol \cdot L^{-1}$邻苯二甲酸氢钾溶液，pH=4.00（20℃）；$0.05\ mol \cdot L^{-1}\ Na_2HPO_4 + 0.05\ mol \cdot L^{-1}\ KH_2PO_4$混合溶液，pH=6.88（20℃）。

四、实验步骤

1. 仪器预热及标定

加入不同浓度的HAc，用NaOH滴定。记录反应过程中电位的变化。

2. 滴定及pH值测量

将玻璃电极和甘汞电极插入溶液中，记录pH值变化，再绘制pH值和体积的曲线。计算dpH/dV-V，以及d^2pH/dV^2-V变化，找出拐点。NaOH滴定HAc的电位滴定曲线如图2所示。

五、数据处理

1. 记录HAc的pH值随体积的变化。
2. 计算HAc的解离平衡常数K_a。

六、思考题

1. 电位滴定与化学分析中的酸碱滴定相比，有何优点？有何缺点？
2. 电位滴定中为何不用加入指示剂，如何判断终点？

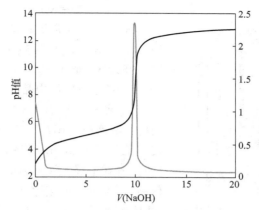

图 2　NaOH 滴定 HAc 的电位滴定曲线

实验 2　离子选择性电极测定自来水中的氟

一、实验目的

1. 掌握用氟离子选择性电极测定水中微量氟的方法。
2. 了解离子强度调节缓冲液的意义和作用。
3. 掌握环境样品的预处理方法。

二、实验原理

1. 离子选择性电极

1975 年,国际纯粹与应用化学联合会(IUPAC)给出明确的定义:离子选择性电极是一种电化学传感器,它的电位对溶液中给定离子活度的对数呈线性关系,这些装置不同于包含氧化还原反应的体系。

其基本结构由四部分组成:敏感膜、内导体系(内参比电极、内参比溶液)、电极杆和绝缘导线。

氟离子选择性电极(简称氟电极)是晶体膜电极。它的敏感膜是由难溶盐 LaF_3 单晶(定向掺杂 EuF_2)薄片制成,电极内装有 $0.1 mol \cdot L^{-1}$ NaF-$0.1 mol \cdot L^{-1}$ NaCl 组成的内充液,浸入一根 Ag-AgCl 内参比电极(见图 1)。测定时,氟电极、饱和甘汞电极(外参比电极)和含氟试液组成下列电池:

(-)Ag|AgCl|NaF($0.1 mol \cdot L^{-1}$)-NaCl($0.1 mol \cdot L^{-1}$)|LaF_3 单晶|含氟试液(a_{F^-})‖KCl(饱和),Hg_2Cl_2|Hg(+)

一般离子计上氟电极接(-),饱和甘汞电极接(+),测得电池电位差为:

$$E_{电池} = E_{SCE} - (E_{膜} + E_{Ag\text{-}AgCl}) + E_a + E_j \tag{1}$$

在一定的实验条件下(如溶液的离子强度、温度等),外参比电极电位 E_{SCE}、F^- 的活度系数,内参比电极电位 $E_{Ag\text{-}AgCl}$、氟电极的不对称电位 E_a 以及液接电位 E_j 等都可以作为常数处理,而氟电极的膜电位 $E_{膜}$ 与氟离子活度的关系符合 Nernst 公式,因此上述电池的电位差 $E_{电池}$ 与试液中氟离子的浓度的对数呈线性关系,即

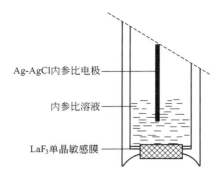

图 1 氟离子选择性电极示意图

$$E_{电池}=K-(2.303RT/F)\lg c_{F^-} \quad (2)$$

式中，K 为常数；R 为摩尔气体常数，8.314 J·mol^{-1}·K^{-1}；T 为热力学温度；F 为法拉第常数，96485 C·mol^{-1}。

2. 氟电极应用中需考虑的三个问题

① 溶液 pH 值的影响，试液的 pH 值对氟电极的电位有影响，pH 值在 5~6 是氟电极最佳 pH 值使用范围。在低 pH 值的溶液中，由于形成 HF、HF$_2^-$ 等在电极上不响应的型体，降低了 a_{F^-}；pH 值高时，OH$^-$ 浓度增大，OH$^-$ 在氟电极上与 F$^-$ 产生竞争响应，也由于 OH$^-$ 能与 LaF$_3$ 晶体膜产生反应[LaF$_3$+3OH$^- \longrightarrow$ La(OH)$_3$+3F$^-$]，从而干扰电位响应，因此测定需要在 pH5~6 的缓冲溶液中进行。

② 为了使测定过程中 F$^-$ 的活度系数、液接电位 E_j 保持恒定，试液要维持一定的离子强度，因此常在试液中加入一定浓度的惰性电解质，如 KNO$_3$、NaCl 等以控制试液的离子强度。

③ 氟电极的选择性较好，但能与 F$^-$ 形成络合物的阳离子，如 Al(Ⅲ)、Fe(Ⅲ)、Th(Ⅳ)以及能与 La(Ⅲ)形成络合物的阴离子对测定有不同程度干扰。为了消除金属离子的干扰，加入掩蔽剂，如柠檬酸钾 K$_3$Cit、EDTA 等。

以上三种实验条件用总离子强度调节缓冲剂（total ionic strength adjustment buffer, TISAB）来控制，其组分为 KNO$_3$、HAc-NaAc 及 K$_3$Cit。

三、仪器和试剂

仪器：酸度计；氟离子选择性电极，使用前应在去离子水中浸泡 1~2h；电磁搅拌器；50mL 容量瓶；烧杯。

试剂：高氯酸（70%~72%）。

TISAB 溶液：将 102g KNO$_3$、83g NaAc、32g K$_3$Cit 放入 1L 烧杯中，加入冰醋酸 14mL，加 600mL 去离子水溶解，溶液的 pH 值应为 5.0~5.5，如超出此范围，应加 NaOH 或 HAc 调节，然后稀释至 1L。

0.100mol·L^{-1} NaF 标准溶液：称取 2.10g NaF（已在 120℃烘干 2h 以上），放入 500mL 烧杯中，加入 100mL TISAB 和 300mL 去离子水，溶解后转移至 500mL 容量瓶中，用去离子水稀释至刻度，转移至聚乙烯瓶中。

四、实验步骤

1. 氟离子选择性电极和水样的预处理

氟离子选择性电极在使用前于 10^{-3} mol·L^{-1} 的 NaF 溶液中活化 1~2h，用去离子水清洗后，与饱和甘汞电极组成测量电池，在纯水中测量电池的电动势，此时，读数应在+340mV 以上，若小于此值，更换蒸馏水几次，直至电动势在+340mV 以上，电极初用时，用蒸馏水浸洗 1~2 天才能达到。若无法达到，很大可能是电极漏水或单晶片沾污，必须重新装配或做相应清洗。

用聚乙烯瓶采集水样，用水蒸气蒸馏法预处理环境水样，水中氟化物在含高氯酸（或硫酸）的溶液中，通入水蒸气，以氟硅酸或氢氟酸形式蒸出。取 50mL 水样（氟浓度高于 2.5mg·L^{-1} 时，可分取少量样品，用水稀释到 50mL）于蒸馏瓶中，加 10mL 高氯酸（70%～72%），加热，待蒸馏瓶内溶液温度升到约 130℃ 开始通入蒸汽，并维持温度在 130～140℃，蒸馏速度为 5～6mL·min^{-1}，待接收瓶中馏出液体积约为 200mL 时，停止蒸馏，并用水稀释至 200mL，供测定用。

2. 标准溶液系列的配制

取 5 个 50mL 容量瓶，在第一个容量瓶中加入 10mL TISAB 溶液，其余加入 9mL TISAB 溶液。用 5mL 移液管吸取 5.0mL 0.100mol·L^{-1} NaF 标准溶液，放入第一个容量瓶中，加去离子水至刻度。即为含 F$^-$ 为 1.00×10^{-2} mol·L^{-1} 的溶液，逐级稀释配制 1.00×10^{-3}～1.00×10^{-6} mol·L^{-1} F$^-$ 溶液。配溶液时采用移液枪，其结构如图 2 所示。

3. 工作曲线的测绘

上述标准溶液系列分别倒入干燥的 50mL 烧杯中，并分别插入洗净的 F$^-$ 电极和 SCE，在电磁搅拌机上搅拌 3～4min，读下电位（mV）值，测量的顺序由稀到浓，这样在转换溶液时电极不必清洗，仅用滤纸吸去附着的溶液即可（注意：更换水样溶液之前，电极必须用蒸馏水清洗）。

以测得的电位值（mV）为纵坐标，以 pF（或 c_{F^-}）为横坐标，在（半对数）坐标纸上做出工作曲线。根据水样测得的电位值，从工作曲线上查出经预处理水样的 c_{F^-} 值，并换算成未经预处理水样的 c_{F^-}（以 mg·L^{-1} 表示）。

4. 上机操作测量

本仪器是触摸式按键，显示屏显示，用手指轻轻触摸相应的按键或数字，即可选定需要的方法或输入相关数据。测量前仪器要预热 30min 左右。

测量有多种模式（pH 模式、pX 模式、直读浓度、已知添加、未知添加、GRAN 模式），本实验的测量模式为已知添加法。操作如下。

(1) 选择测量离子和手动输入温度值

选择测量离子：按屏幕上的"设置"键→按"离子模式"→按"确认"→按"上"、"下"、"左"、"右"箭头选择被测离子→按"确认"。

设置温度：按屏幕上的"设置"键→按"手动温度"→按"确认"→按"手动温度"→输入要填的温度值（从提供的温度计读数）→按"确认"。

(2) 清洁电极

将两个电极的护帽取下后，以去离子水冲洗，并用滤纸吸去残留的水分，放入测试溶液中。标液的测试要按浓度由低向高的顺序进行。

(3) 标定电极斜率

按屏幕上的"测量"键→"已知添加"，在已知添加设置窗口中选择"标定"，则仪器提示将两个电极放入标液 1 中。按"浓度"键输入浓度→按"确认"，再按"单位"键输入浓度单位（mmol·L^{-1}）→按"确认"；待读数稳定后按"确认"键。记录下稳定后的电位值。随后的标液均可点击屏幕方框中的"继续标定"，依次为标液 2，3，4，5。该仪器最多只能

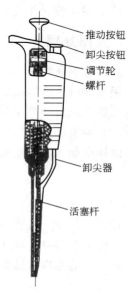

图 2 移液枪的结构

测 5 个标液。按"浓度"键输入溶液 2 的浓度，再按"确认"，待读数稳定后按"确认"键。重复标液 2 的测试过程，再测标液 3、4 等。但最多只能测 5 个标液。

（4）未知液测定

最后一个标液测完后，按方框中的"结束"键，重新回到已知添加设置窗口。

充分冲洗指示电极，擦干后放入未知溶液中，触按相应的键，输入未知溶液的体积（25.00mL）、要添加的标液的体积（0.30mL）和浓度（1.0mmol·L^{-1}）以及浓度单位→按"确认"键。

待响应电位稳定后记下未知液的 mV 值（E_x）并按"确认"键。然后加入 0.30mL 浓度为 1.0mmol·L^{-1} 的标准溶液摇匀，待响应电位稳定后记下添加标液后的 mV 值（E_s），并按"确认"键。

按上述步骤操作完成后，仪器会自动显示试液的浓度。

五、数据处理

（1）标准曲线法

用 E 和 pF 绘制标准曲线，从标准曲线上求得实际斜率和线性范围，并根据样品测定电位从曲线中求出样品中的 c_{F^-}。

（2）标准加入法

由标准加入法测定的 E_x 和 E_s，用下式计算样品中氟的含量，以 mg·L^{-1} 表示。

$$c_x = \frac{c_s V_s}{V_x + V_s}\left(10^{\Delta E/S} - \frac{V_x}{V_x + V_s}\right)^{-1} \tag{3}$$

式中，c_s、V_s 分别为加入的标准溶液的浓度和体积；V_x 为未知溶液的体积；$\Delta E = |E_s - E_x|$；S 为电极响应斜率，可从前述的工作曲线上求得。

若加入的标准溶液体积 V_s 相对于未知液体积 V_x 很小，可用简化关系式进行计算。

$$c_x = \frac{c_s V_s}{V_x}(10^{\Delta E/S} - 1)^{-1} \tag{4}$$

六、思考题

1. 为什么测定时试液要按由稀到浓的顺序进行？
2. TISAB 的组成是什么？它在测量中各起什么作用？
3. 从工作曲线上可以得到哪些离子选择性电极的特征参数？
4. 写出离子选择性电极的电极电位完整表达式。
5. 用氟电极测得的是 F^- 的浓度还是活度？如果要测量 F^- 浓度，应该怎么办？

【注意事项】

1. 在测定一系列标准溶液后，应将电极清洗至原空白电位值，然后再测定未知试液的电位值。测定过程中搅拌溶液的速度应恒定。
2. 氟离子选择性电极在使用前应在纯水中充分浸泡，若电极初用可浸泡 1~2 天，使其在纯水中的电位（vs. SCE）在 +340mV 以上。若小于此值，可更换去离子水几次，直至电位在 +340mV 以上，若无法达到此值，有可能是电极漏水或芯片表面沾污，必须重装或作相应清洗。

3. 电极内装电解质溶液，为防止芯片内侧附着气泡而使电路不通，在第一次使用前或测量后，可让芯片朝下，轻击电极杆，以除去芯片上的气泡。

实验 3　银丝汞膜电极法测定营养品中的微量元素 Zn

一、实验目的

1. 学会制作特殊的电化学传感器。
2. 掌握电化学仪器的使用方法。
3. 学会对实验数据进行正确处理。

二、实验原理

Zn^{2+} 等金属离子可以在汞膜电极表面生成金属汞齐，在阳极化过程中又会氧化溶出。

$$M^{n+} + ne^- + Hg = M(Hg)$$
$$M(Hg) - ne^- = M^{n+} + Hg$$

三、仪器和试剂

仪器：CHI660A 电化学工作站（美国 CHI 公司）。

试剂：Zn 标液（纯金属锌按常规方法配制），其他试剂均为分析纯。

四、实验步骤

1. 电极制作

用直径为 0.5mm 的纯银丝绕成弹簧状，将直线部分封入直径约 0.5cm 的玻璃管中，把银丝电极放入金属汞中一段时间，拿出，振动除出多余的汞。

2. 安装仪器并调用控制程序

以银丝汞膜电极为工作电极，以 Ag/AgCl 电极为参比电极，铂丝电极为辅助电极，构成三电极系统。调用仪器控制程序。

3. 条件实验

先在 $-1.0 \sim +0.2V$ 扫描范围内作 Zn^{2+} 溶液的循环伏安图，根据循环伏安图上 Zn^{2+} 的出峰电位，调整实验参数。在不同介质中作同一条件下的循环伏安扫描，确定最佳实验的介质。改变扫速、静置时间等参数进行实验，优化实验条件。

4. 工作曲线的绘制

在选定的实验条件下，逐渐加入定量锌标液，采用差分脉冲伏安法（DPV），记录峰电流。重复进行实验，得到不同浓度 Zn^{2+} 标液对应的 DPV 峰电流，计算线性回归方程。

5. 样品测定

测市售"补欣"口服液中锌的含量，与参考值对照。

五、数据处理

通过标准曲线法或者标准加入法求出口服液中 Zn^{2+} 的含量。

六、 思考题

1. 简述 Zn^{2+} 在银基汞膜电极上可能的电化学反应机理。
2. 在重复记录 Zn^{2+} 溶液的 DPV 曲线时，扫描前摇动和不摇动溶液对结果是否有一定的影响，为什么？

实验4　库仑滴定法测定电镀液中的铬（Ⅵ）

一、 实验目的

1. 掌握库仑滴定法的基本原理。
2. 学会恒电流库仑仪的使用。
3. 掌握恒电流库仑滴定法测定电镀液中铬（Ⅵ）的实验方法。

二、 实验原理

由于铬(Ⅵ)对人体的健康有严重的危害，所以是环境部门进行水质监测的一项重要内容，为了控制镀铬废液中铬的排放量，必须对这些废液进行检测，使它符合国家的"三废"排放标准。目前，测定水中 Cr(Ⅵ) 的方法主要有光度法、原子吸收光谱法、化学发光法、离子对色谱法、催化极谱法、恒电流库仑滴定法等，但因方法简单、快速、灵敏，恒电流库仑滴定法深受关注。

库仑滴定法是通过电解产生的物质作为"滴定剂"来滴定被测物质的一种分析方法。在分析时，以100%的电流效率产生一种物质（滴定剂），能与被分析物质进行定量的化学反应，反应的终点可借助指示剂、电位法、电流法等进行确定。这种滴定方法所需的滴定剂不是由滴定管加入的，而是借助于电解方法产生出来的，滴定剂的量与电解所消耗的电量（库仑数）成正比，也即通过法拉第定律进行定量，所以称为"库仑滴定"。

$$m = \frac{M}{nF}Q = \frac{M}{nF}it$$

式中，m 为电解析出物质的质量，g；M 为电解析出物质的摩尔质量，g·mol^{-1}；n 为电极反应中的电子转移数；F 为法拉第常数，96485 C·mol^{-1}；Q 为电量，C；i 为电流强度，A；t 为电解时间，s。

库仑仪共有4个电极，其中两个电极为电解电极，另两个电极为测量电极（如图1所示）。铂丝电极（内加硫酸溶液，硫酸稀释至1体积硫酸+3体积水）和双铂片电极为电解电极，钨棒电极（内加饱和 K_2SO_4 溶液，它在测量过程中作为参比电极使用）和任一单铂片电极为测量电极。

本实验是采用恒电流电解 $Fe_2(SO_4)_3$ 产生的 Fe^{2+} 来测定铬(Ⅵ)的含量。在铂电极上 Fe^{3+} 被还原为 Fe^{2+}，然后与样品中的铬(Ⅵ)反应，当铬(Ⅵ)全部被还原为铬(Ⅲ)后，过量的微量 Fe^{2+} 在铂指示电极上发生的氧化反应指示终点。根据滴定过程中消耗的电量，利用库仑定律和已知电量，就可计算出被测物质的质量 m。

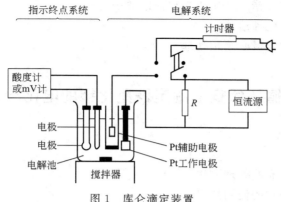

图 1　库仑滴定装置

三、仪器和试剂

仪器：KLT-1 型通用库仑仪；电磁搅拌器；万分之一电子天平；250mL 容量瓶；移液管。

试剂：浓硫酸；1∶1 硝酸；$K_2Cr_2O_7$；$Fe_2(SO_4)_3$；K_2SO_4；0.1% $CoSO_4$；$0.1g \cdot mL^{-1}$ Na_3PO_4；2% 铜试剂，所有试剂均为分析纯；蒸馏水。

四、实验步骤

1. 将铂电极浸入 1∶1 硝酸溶液中，数分钟后，取出用蒸馏水吹洗，滤纸沾掉水珠。
2. 按说明书连接好仪器。打开仪器电源，预热库仑仪。
3. 在电解杯中加入 40mL 电镀液，再分别加入 0.1% $CoSO_4$ 2.0mL、$0.1g \cdot mL^{-1}$ Na_3PO_4 0.5mL、2% 铜试剂 2.0mL，消除 CN^-、Pb^{2+}、Cu^{2+} 的干扰，再加入 15mL 浓硫酸及 5mL 0.5 $mol \cdot L^{-1}$ $Fe_2(SO_4)_3$ 溶液。
4. "量程选择"置 10mA，"工作，停止"开关置工作状态，按下"电流"和"上升"开关，再同时按下"极化电位"和"启动"按键，微安表指针应小于 20，如果较大，调节"补偿极化电位"旋钮，使其达到要求。弹起"极化电位"按键，按"电解"按钮，开始电解。终点指示灯亮，电解停止。记下电解库仑值（mC）。同样步骤测定。重复实验 4～5 次。

五、数据处理

将几次测量的结果，算出毫库仑的平均值。按法拉第定律计算 Cr(Ⅵ) 含量（以 $mol \cdot L^{-1}$ 计）。

六、思考题

1. 写出滴定过程中工作电极上的电极反应和溶液中的化学反应。
2. 写出指示电极上的电极反应。
3. 库仑滴定的原理和先决条件是什么？
4. 为什么要把库仑池中的辅助电极隔离。

【注意事项】

1. 每次测定都必须准确量取试液。

2. 电极的极性切勿接错,若接错必须仔细清洗电极。
3. 保护管内应放溴化钾溶液。
4. 工作电极、辅助电极必须预处理。

实验 5 循环伏安法测定铁氰化钾的电化学扩散系数

一、实验目的

1. 学习固体电极表面的处理方法。
2. 掌握电化学工作站的使用技术。
3. 了解扫描速率和浓度对循环伏安图的影响。

二、实验原理

铁氰化钾离子$[Fe(CN)_6]^{3-}$-亚铁氰化钾离子$[Fe(CN)_6]^{4-}$氧化还原电对的标准电极电位为:

$$[Fe(CN)_6]^{3-} + e^- \rightleftharpoons [Fe(CN)_6]^{4-} \quad \varphi^\ominus = 0.36 \text{V(vs. NHE)}$$

电极电位与电极表面活度的 Nernst 方程式为 $\varphi = \varphi^\ominus + RT/F \ln(c_{Ox}/c_{Red})$。在一定扫描速率下,从起始电位(-0.2V)正向扫描到转折电位(+0.8V)期间,溶液中$[Fe(CN)_6]^{4-}$被氧化生成$[Fe(CN)_6]^{3-}$,产生氧化电流;当负向扫描从转折电位(+0.8V)变到原起始电位(-0.2V)期间,在指示电极表面生成的$[Fe(CN)_6]^{3-}$被还原生成$[Fe(CN)_6]^{4-}$,产生还原电流。为了使液相传质过程只受扩散控制,应在加入电解质和溶液处于静止下进行电解。在 0.1mol·L^{-1} NaCl 溶液中,$[Fe(CN)_6]^{3-}$的扩散系数为 0.63×10^{-5} cm·s^{-1};电子转移速率大,为可逆体系(1mol·L^{-1} NaCl 溶液中,25℃时,标准反应速率常数为 5.2×10^{-2} cm·s^{-1})。溶液中的溶解氧具有电活性,可通入惰性气体除去。

循环伏安法与单扫描极谱法相似。在电极上施加线性扫描电压,当到达某设定的终止电压后,再反向回扫至某设定的起始电压,若溶液中存在氧化态 Ox,电极上将发生还原反应:

$$Ox + ne^- \longrightarrow Red$$

反向回扫时,电极上生成的还原态 Red 将发生氧化反应:

$$Red - ne^- \longrightarrow Ox$$

峰电流可表示为:

$$i_p = 6.25 \times 10^5 n^{3/2} A v^{1/2} D^{1/2} c$$

其峰电流与被测物质浓度 c、扫描速度 v 等因素有关。

铁氰化钾在不同扫描速度下的循环伏安曲线如图 1 所示,从图中可确定氧化峰峰电流 i_{pa} 和还原峰峰电流 i_{pc}、氧化峰峰电位 E_{pa} 值和还原峰峰电位 E_{pc} 值。对于可逆体系,氧化峰峰电流与还原峰峰电流之比:

$$\frac{i_{pc}}{i_{pa}} = 1$$

氧化峰峰电位与还原峰峰电位差：

$$E_{pa} - E_{pc} = 2.2 \frac{RT}{nF}$$

由此可判断电极过程的可逆性。

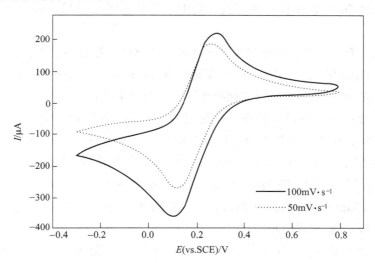

图 1　铁氰化钾在不同扫描速度下的循环伏安（CV）曲线

三、仪器和试剂

仪器：CHI660D 电化学工作站；三电极系统（工作电极，金圆盘电极、铂圆盘电极或玻碳电极；辅助电极，铂丝电极；参比电极，饱和甘汞电极），如图 2 所示。

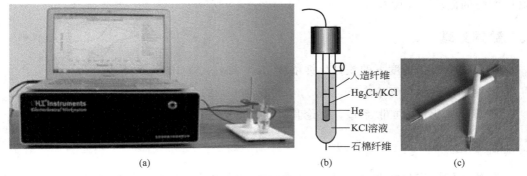

图 2　CHI660D 电化学工作站（a）、甘汞电极（b）和铂圆盘电极（c）

试剂：5.0×10^{-2} mol·L^{-1} 铁氰化钾标准溶液；1.0 mol·L^{-1} 氯化钾溶液。

四、实验步骤

1. 金圆盘电极（或铂圆盘电极、玻碳电极）的预处理

用 Al_2O_3 粉（或牙膏）将电极表面抛光（或用抛光机处理），然后用蒸馏水清洗，待用。也可用超声波处理。

铁氰化钾试液的配制：准确移取 0mL、0.25mL、0.50mL、1.0mL 和 2.0mL 2.0×10^{-2} mol·L^{-1} 的铁氰化钾标准溶液于 10mL 小烧杯中，加入 1.0mol·L^{-1} 的氯化钾溶液 1.0mL，再加蒸馏水稀释至体积为 10mL。

2. 仪器操作步骤

（1）打开 CHI660D 伏安仪和计算机的电源。屏幕显示清晰后，再打开 CHI660D 测量窗口。

（2）测量铁氰化钾试液：置电极系统于 10mL 烧杯的铁氰化钾试液里。

（3）打开 CHI660D 的"Setup"下拉菜单，在 Technique 项选择 Cyclic Voltammetry 方法，在 Parameters 项内的参数选择，在指导老师的帮助下进行。

（4）完成上述各项，再仔细检查一遍无误后，点击"▶"进行测量。完成后，命名存储。强调的是：每种浓度的试液要测量扫描速度为 25mV·s^{-1}、50mV·s^{-1}、100mV·s^{-1}、200mV·s^{-1} 的伏安图，共 4 种浓度，至少测量 16 次（铁氰化钾浓度为 0 的试液除外）。

（5）$K_3Fe(CN)_6$ 溶液的循环伏安图：在电解池中放入 1.00×10^{-3} mol·L^{-1} $K_3Fe(CN)_6$+0.50mol·L^{-1} KNO_3 溶液，插入铂圆盘（或金圆盘）指示电极、铂丝辅助电极和饱和甘汞电极，通 N_2 除 O_2。

以扫描速率 20mV·s^{-1}，从 $+0.80\sim-0.20$V 扫描，记录循环伏安图。以不同扫描速度 10mV·s^{-1}、40mV·s^{-1}、60mV·s^{-1}、80mV·s^{-1}、100mV·s^{-1} 和 200mV·s^{-1}，分别记录从 $+0.80\sim-0.20$V 扫描的循环伏安图。

不同浓度的 $K_3Fe(CN)_6$ 溶液的循环伏安图：以扫描速率 20mV·s^{-1}，从 $+0.80\sim-0.20$V 扫描，分别记录 1.00×10^{-5} mol·L^{-1} $K_3Fe(CN)_6$、1.00×10^{-4} mol·L^{-1} $K_3Fe(CN)_6$、1.00×10^{-3} mol·L^{-1} $K_3Fe(CN)_6$、1.00×10^{-2} mol·L^{-1} $K_3Fe(CN)_6$+0.50mol·L^{-1} KNO_3 溶液的循环伏安图。

五、数据处理

1. 绘制同一扫描速度下的铁氰化钾浓度（c）与 i_{pa}、i_{pc} 的关系曲线。
2. 绘制同一铁氰化钾浓度下，i_{pa}、i_{pc} 与相应 $v^{1/2}$ 的关系曲线。
3. 计算铁氰化钾的扩散系数，讨论其反应的可逆性。

六、思考题

1. 铁氰化钾浓度与峰电流 i_p 是什么关系？而峰电流（i_p）与扫描速度（v）又是什么关系？
2. 峰电位（E_p）、半波电位（$E_{1/2}$）和半峰电位（$E_{p/2}$）相互之间是什么关系？

【注意事项】

1. 指示电极表面必须仔细清洗，否则严重影响循环伏安图的图形。
2. 每次扫描之间，为使电极表面恢复初始条件，应将电极提起后再放入溶液中或用搅拌子搅拌溶液，等溶液静置 1~2min 再扫描。

实验6　聚苯胺的电化学法制备及降解特性研究

一、实验目的

1. 通过本实验，熟悉和掌握聚苯胺的电化学制备和在降解研究中的应用。
2. 通过对实验现象的观察及对记录信号的解析与讨论，了解聚苯胺的聚合机理、降解现象、性质以及可能的应用前景。

二、实验原理

聚苯胺的制备有化学法和电化学法，电化学法就是在外加电压或电流的作用下，使苯胺分子在工作电极表面发生氧化聚合，从而生成聚苯胺的一种方法。电化学制备常采用循环伏安技术、恒电流和恒电位技术。循环伏安技术制备时可同时显示氧化还原曲线，便于了解反应过程和聚苯胺的某些性质，是常用的一种方法。

苯胺氧化的第一步是生成自由基阳离子，它与聚合介质的 pH 值无关，是聚合反应的速率控制步骤。自由基阳离子发生二聚反应产生对氨基二苯胺（头-尾二聚），可表示如下：

聚苯胺链的形成就是活性链端（—NH_2）反复进行这种反应，不断增长的结果。由于在酸性条件下聚苯胺链具有导电性，保证了电子能通过聚苯胺链传导至阳极，使增长继续，只有当头-头偶合反应发生形成偶氮结构时才使得聚合停止。

以制备的聚苯胺为工作电极，于硫酸溶液中进行连续循环伏安扫描，并对循环扫描后的溶液进行吸收光谱测定，很容易看出聚苯胺的降解现象。聚苯胺的循环伏安曲线和对应峰的解释如图1所示。

三、仪器和试剂

仪器：CHI600D 型电化学工作站；UV-3600 型紫外-可见分光光度计；超声波清洗机；铂丝电极；饱和甘汞电极。

试剂：0.1mol·L^{-1} 苯胺（含 0.5mol·L^{-1} 硫酸）；0.5mol·L^{-1} 硫酸；铬酸溶液。

四、实验步骤

（1）取 0.1mol·L^{-1} 苯胺溶液 20mL 于 50mL 烧杯中，通氮除氧 10min。取一支铂丝电极，在铬酸溶液中浸泡几分钟并用超声波清洗后做工作电极，另取一支铂丝电极做对电极，饱和甘汞电极为参比电极，根据如下参数（参数可自行设置）进行循环伏安扫描制备和记录循环伏安曲线。

初始电位（V）：－0.20　终止电位（V）：1.20

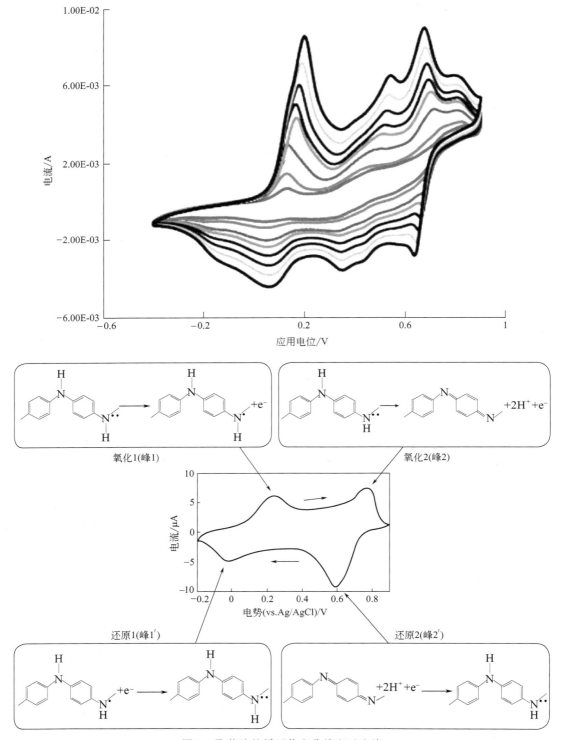

图 1 聚苯胺的循环伏安曲线和对应峰

起始扫描极性：正极　扫描速度（V·s^{-1}）：0.05
扫描段数（W）：20；采样间隔（V）：0.001；静置时间（s）：2

灵敏度（A·V^{-1}）：$1\times 10^{-0.004}$

（2）扫描完毕，取出电极（工作电极、对电极和参比电极），用蒸馏水轻轻冲洗一下，放入 10mL 0.5mol·L^{-1} 硫酸的空白溶液中，用上述同样的方法与参数扫描 30 次，记录循环伏安曲线。

（3）以 0.5mol·L^{-1} 硫酸作参比液。对步骤 2 中的溶液作紫外-可见吸收光谱测定。

（4）另取 25mL 0.1mol·L^{-1} 苯胺（含 0.5mol·L^{-1} 硫酸）溶液，以 ITO 电极为工作电极，参比电极和对电极不变，用循环伏安法（自己摸索设置合适的参数）制备聚苯胺，观察聚苯胺沉积过程中电极表面颜色随扫描电位有何变化。

五、数据处理与思考题

1. 根据苯胺聚合时的循环伏安曲线及在 ITO 电极上观察到的现象，查阅资料说明苯胺在电极上可能的聚合反应机理。

2. 根据苯胺聚合时的循环伏安曲线、聚苯胺在空白溶液中的循环伏安曲线及紫外-可见吸收光谱图，说说聚苯胺的降解现象。

3. 根据实验结果，说说聚苯胺可能具备哪些性质，有什么潜在应用？

Ⅱ 分子光谱实验

实验 7 紫外分光光度法测定芳香族化合物

一、实验目的

1. 学习紫外吸收光谱的绘制方法，并利用吸收光谱对化合物进行鉴定。
2. 了解溶剂的性质对吸收光谱的影响，能根据需要正确地选择溶剂。
3. 学会紫外-可见分光光度计的使用。

二、实验原理

以不同波长的光依次通过一定浓度的被测物质，并分别测定每个波长的吸光度。以波长 λ 为横坐标，吸光度 A 为纵坐标，所得到的曲线为吸收光谱。紫外吸收光谱指波段范围处于近紫外的吸收光谱。紫外吸收光谱的特点：图形比较简单、特征性不强，当不同的分子含有相同的发色团时，它们的吸收光谱的形状就大体相似，所以该法在定性分析中的应用有一定的局限性。但紫外光谱对共轭体系的研究，如利用分子中共轭程度来确定未知物的结构有独特的优点。所以紫外光谱是对有机物进行定性鉴定及结构分析的一种重要辅助手段。分子吸收光谱的比较见表 1。

表 1 分子吸收光谱的比较

光谱	紫外光谱	可见吸收光谱	红外吸收光谱
波段	远紫外：10～200nm 近紫外：200～400nm	400～800nm	0.75～1000μm

光谱	紫外光谱	可见吸收光谱	红外吸收光谱
产生机理	分子吸收紫外辐射后引起的外层电子跃迁电子光谱	分子吸收可见光后引起的外层电子跃迁电子光谱	分子吸收红外辐射后引起的分子的振动、转动能级的跃迁振-转光谱
研究对象	不饱和有机物,特别是共轭体系有机物	无机物/有机物	分子在振动过程中伴随偶极矩变化的化合物

本实验主要完成以下几个内容。

1. 定性分析（未知芳香族化合物的鉴定）

所采用的方法一般是标准比较法：测绘未知试样的紫外吸收光谱并同标准试样的光谱图进行比较。当浓度和溶剂相同时，如果两者的图谱相同（曲线形状、吸收峰数目、λ_{max} 和 ε_{max}），说明两者是同一化合物。

2. 纯物质中杂质的检查

一些在紫外光区无吸收的物质，如果其中有微量的对紫外线具有高吸收系数的杂质也可定量检出。如乙醇中杂质苯的检查，纯乙醇在 200～400nm 无吸收，如果乙醇中含微量苯，则可测到：200nm 强吸收（$\varepsilon=8000$）；255nm 弱吸收（$\varepsilon=215$，群峰）。

3. 溶剂性质对吸收光谱的影响

溶剂的极性对化合物吸收峰的波长、强度、形状以及精细结构都有影响。极性溶剂有助于 n→π* 跃迁向短波移动，并使谱带的精细结构完全消失，所以实验中分别以极性不同的正己烷、乙醇、水为溶剂，了解溶剂极性对吸收光谱的影响。

仪器的基本结构分为四部分。

（1）光源　氢灯或氘灯。光谱范围在 180～400nm（氘灯中充以同位素代替氢，辐射强度比氢灯大 4～5 倍）。

（2）单色器　作用是将连续光源分光，分离出所需的足够窄波段的光束。

（3）吸收池　盛装液体样品。

（4）检测器　蓝敏光电管。

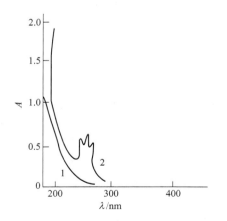

图 1　纯乙醇（曲线 1）及苯在乙醇中的紫外光谱（曲线 2）

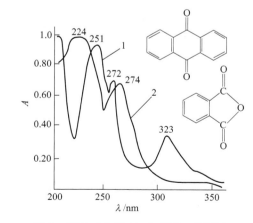

图 2　蒽醌（曲线 1）和邻苯二甲酸酐（曲线 2）在甲醇中的紫外吸收光谱

从图 1 中的曲线 1 和曲线 2 可以看出：由于乙醇中含有微量苯，故在波长 230～270nm

处出现 B 吸收带，而纯乙醇在该波长范围内不出现苯的 B 吸收带。因此，可利用物质的紫外吸收光谱的不同，检查物质的纯度。图 2 所示为蒽醌和邻苯二甲酸酐的紫外吸收光谱，由于在蒽醌分子结构中的双键共轭体系大于邻苯二甲酸酐，因此，蒽醌的吸收带红移比邻苯二甲酸酐大，且吸收带形状及其最大吸收波长各不相同，由此得到鉴定。

三、仪器和试剂

仪器：紫外-可见分光光度计；带盖石英比色皿；容量瓶若干。

试剂：水杨酸（$\varepsilon=138$）；无水乙醇；去离子水；苯、蒽醌、邻苯二甲酸酐、甲醇、乙醇、正己烷、正庚烷等均为分析纯；苯的正庚烷溶液和乙醇溶液；蒽醌的甲醇溶液（$0.01g \cdot 100mL^{-1}$）；邻苯二甲酸酐的甲醇溶液（$0.01g \cdot 100mL^{-1}$）。

四、实验步骤

1. 记录未知化合物的吸收光谱的条件（波段、吸光度 A），确定峰值波长，并计算 ε_{max}，与标准图谱进行比较，确定化合物的名称。

2. 记录乙醇试样的吸收光谱及实验条件，根据吸收光谱确定是否有苯吸收峰，峰值波长是多少？

3. 记录不同溶剂的水杨酸的吸收光谱及实验条件，比较吸收峰的变化，了解溶剂的极性对吸收曲线的波长、强度的影响。

4. 记录蒽醌和邻苯二甲酸酐的紫外吸收光谱。

五、思考题

1. 如何利用紫外吸收光谱进行物质的纯度检查？
2. 在紫外光谱区饱和烷烃为什么没有吸收峰？
3. 为什么紫外吸收光谱可用于物质的纯度检查？
4. 试样溶液浓度过大或过小，对测量有何影响？应如何调整？
5. ε_{max} 值的大小与哪些因素有关？

实验 8　紫外分光光度法测定废水中苯酚含量

一、实验目的

1. 掌握紫外-可见分光光度定量分析的原理。
2. 掌握紫外-可见分光光度定量分析的基本操作方法。
3. 进一步熟悉紫外-可见分光光度计的使用。

二、实验原理

紫外-可见吸收光谱法（UV-Vis）最重要的用途是化合物的定量分析。紫外-可见光谱法灵敏度高，准确度好，操作简便，仪器便宜，是一种应用极为广泛的分析测试方法。许多药物都有紫外特征吸收，我国药典中有各种药物的最大吸收波长和吸光系数数据，UV-Vis 也是许多药物定量分析的标准方法。紫外-可见光谱法不仅可以测定有机物，通过显色反应还可以高灵敏地检测数十种元素。

许多化合物在紫外区具有特征吸收，吸光度与浓度的关系符合朗伯-比耳定律，选择适合的测定波长可以进行化合物的定量分析。在定量分析时，要注意选择适合波长、参比溶液和测量条件。

常用的紫外-可见分光光度计有单光束和双光束两种。单光束仪器价格便宜，操作方便，但不能进行波长扫描，适合于常规分析。双光束仪器克服了单光束仪器由于光源不稳引起的误差，并且可以方便地对全波段进行扫描，使用更加方便。

芳香族化合物在紫外均有特征吸收，在近紫外可观测到两个吸收带，在200nm附近的强吸收带和230～300nm的中等强度吸收带。苯酚在中性或酸性介质中λ_{max}为210nm和272nm，在碱性溶剂中，苯酚失去质子，吸收峰λ_{max}位移至235nm和288nm，可以视样品含量和干扰情况选择不同的介质环境和波长定量分析。当干扰较为严重时，还可以用差值分光光度法测定，以提高测定的选择性。方法是用苯酚的中性溶液作参比，测定苯酚碱性溶液，利用两种光谱的差值光谱定量分析。

苯酚在不同pH值下具有不同的UV吸收光谱，原因是羟基的电子得失会影响苯环上的紫外吸收，不同pH值下苯酚的UV吸收光谱和原理如图1所示。

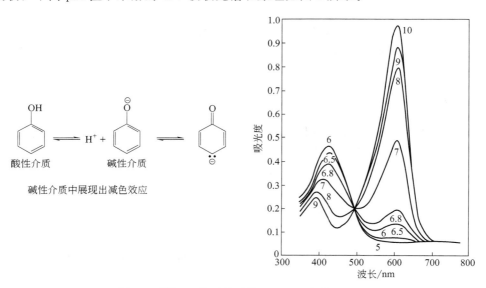

图1 不同pH值下苯酚的UV吸收光谱和原理

三、仪器和试剂

仪器：普析UV-1800紫外-可见分光光度计；石英比色皿2只。

试剂：苯酚储备液（1mg·mL^{-1}）；KOH（1mol·L^{-1}）；HCl（1mol·L^{-1}）。

四、实验步骤

1. 接通主机电源，开启计算机和主机。
2. 选择"光谱扫描"方式进入测试界面，设定测量参数。
3. 苯酚溶液吸收曲线的测定。

移取 0.5mL 苯酚储备液三份置于 25mL 容量瓶中，一份用水定容，另两份分别加 1mL HCl 和 1mL KOH 用水定容。在 200～350nm 范围内进行波长扫描，保存数据。移取一定量的样品同上操作，得到样品在水、HCl 和 KOH 介质中的光谱。

4. 样品定量分析

（1）分析波长和溶液介质的选择　根据苯酚和样品在不同介质中的光谱，分析样品干扰情况，选择适宜的分析波长和测定介质。

（2）系列标准溶液及样品溶液的配制　通过标准溶液浓度和吸光度值，计算后拟定系列标准溶液的浓度（控制吸光度 A 在 0.2～0.8，标准系列以 5 个点为宜）。根据稀释后样品吸光度确定样品稀释倍数。取若干 25mL 容量瓶，配制系列标准溶液及样品溶液。

（3）选择"定量分析"方式　进入测试界面，设定测量参数，输入标准系列浓度及样品稀释倍数，用水作参比，调零后按浓度由稀到浓的次序测量标准系列溶液，最后测量未知试样，得出未知液的浓度。

（4）打开保存文档，记录实验条件、光谱数据及图谱。

（5）测试完毕，关闭主机及计算机电源。

五、思考题

1. 简述利用紫外吸收光谱进行定量分析的基本步骤。
2. 测定实际样品中苯酚含量应注意哪些问题？本实验是如何选择测定波长和控制测量条件的？
3. 在实际工作中如何拟定系列标准溶液的浓度？

实验 9　氨基酸类物质的紫外光谱分析和定量测定

一、实验目的

1. 掌握紫外-可见分光光度计的工作原理与基本操作。
2. 学习紫外-可见吸收光谱的绘制及定量测定方法。
3. 了解氨基酸类物质的紫外吸收光谱的特点。

二、实验原理

紫外-可见分光光度法属于吸收光谱法，分子中的电子总是处在某一种运动状态中，每一种状态都具有一定的能量，属于一定的能级。电子由于受到光、热、电等的激发，从一个能级转移到另一个能级，称为跃迁。当这些电子吸收了外来辐射的能量，就从一个能量较低的能级跃迁到另一个能量较高的能级。物质对不同波长的光线具有不同的吸收能力，如果改变通过某一吸收物质的入射光的波长，并记录该物质在每一波长处的吸光度（A），然后以波长为横坐标，以吸光度为纵坐标作图，这样得到的谱图为该物质的吸收光谱或吸收曲线。

当一定波长的光通过某物质的溶液时，入射光强度 I_0 与透过光强度 I_t 之比的对数与该物质的浓度 c 及厚度 b 成正比。其数学表达式为：

$$A = \lg \frac{I_0}{I_t} = -\lg T = kbc \tag{1}$$

上式为朗伯-比耳定律，是分光光度法定量分析的基础，其中 T 为透光率（透射比）。

物质的吸收光谱反映了它在不同的光谱区域内吸收能力的分布情况。不同的物质，由于分子结构不同，吸收光谱也不同，可以从波形、波峰的强度、位置及其数目反映出来。因此，吸收光谱带有分子结构与组成的信息。

氨基酸类物质的一个重要光学性质是对光有吸收作用。20 种氨基酸在可见光区域均无光吸收，在远紫外区（<220nm）均有光吸收，在紫外区（近紫外区）（220～300nm）只有三种氨基酸有光吸收，这三种氨基酸分别是苯丙氨酸、酪氨酸和色氨酸，因为它们的结构均含有苯环共轭双键。苯丙氨酸最大吸收波长在 259nm、酪氨酸在 278nm、色氨酸在 279nm，蛋白质一般都含有这三种氨基酸残基，所以其最大光吸收在大约 280nm 波长处，因此能利用分光光度法很方便地测定蛋白质的含量（见图1）。

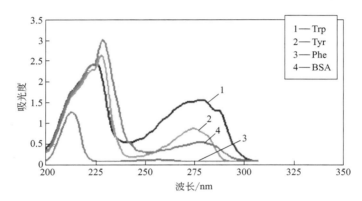

图 1　不同种类芳香族氨基酸的紫外吸收光谱

本实验将对苯丙氨酸、酪氨酸和色氨酸三种氨基酸进行光谱测定及相关定量测定。

三、 仪器和试剂

仪器：紫外-可见-近红外分光光度计(UV-1800)；分析天平；(0.5mL、1.0mL、2.0mL)移液管若干；10mL 带塞比色管若干。

试剂：

标准溶液 a：$2.0 g·L^{-1}$ 的苯丙氨酸溶液。

标准溶液 b：$0.4 g·L^{-1}$ 的酪氨酸溶液。

标准溶液 c：$0.4 g·L^{-1}$ 的色氨酸溶液（所有溶液均用去离子水配制）。

酪氨酸待测样。

四、 实验步骤

1. 分别移取标准溶液 a（$2.0 g·L^{-1}$，1.0mL）、标准溶液 b（$0.4 g·L^{-1}$，1mL）和标准溶液 c（$0.4 g·L^{-1}$，0.4mL）于 10mL 比色管中，用去离子水稀释、定容，摇匀，待用。

2. 分别移取 0.0mL、0.5mL、1.0mL、1.5mL、2.0mL 标准溶液 b 于 5 个 10mL 比色管中，并用去离子水稀释、定容，摇匀，待用。

3. 双击分光光度计图标"UVProbe"，出现软件界面，点左下角"连接"，系统开始自检，等系统自检结束，预热 15～30min。待仪器稳定后方可使用。

4. 在光谱测量模式下，以去离子水为参比溶液，分别绘制步骤 1 中各溶液在 200～350nm 波长范围内的吸收光谱，并记录各标准溶液的 λ_{max}。

5. 在定量测定模式下，以去离子水为参比溶液，测定步骤 2 中的各标准溶液在 λ_{max} 处的吸光度。

6. 在步骤 5 同样条件下，测定未知样品溶液在 λ_{max} 处的吸光度。

五、数据处理

1. 将苯丙氨酸、酪氨酸和色氨酸溶液的吸收光谱叠加在一个坐标系中，比较它们吸收峰的变化，说说有什么不同，为什么？

2. 以上述步骤测得的各酪氨酸标准溶液的吸光度为纵坐标，相应的浓度为横坐标绘制工作曲线，再根据未知溶液的吸光度，利用标准曲线求出待测样的浓度。

六、思考题

1. 本实验是采用紫外吸收光谱中最大吸收波长进行测定的，是否可以在波长较短的吸收峰下进行定量测定，为什么？

2. 被测物浓度过大或过小对测量有何影响？应如何调整？调整的依据是什么？

3. 思考紫外-可见分光光度法应用于蛋白质测量的依据，并设计相应的实验方案，测定奶粉中蛋白质的含量。

实验 10 紫外-可见分光光度法测定鸡蛋中蛋白质的含量

一、实验目的

1. 熟练掌握紫外-可见分光光度计的工作原理与基本操作。
2. 学习紫外-可见吸收光谱法应用于实际样品测定的方法。
3. 学习如何选择显色反应的最佳实验条件。

二、实验原理

鸡蛋含有丰富的营养成分，如蛋白质、脂肪、钙、铁等微量元素等，是人类最好的营养来源之一。随着市场经济的发展，市面上开始流行名目繁多的鸡蛋，如土鸡蛋、草鸡蛋、洋鸡蛋等，它们之间价格差异很大，甚至达两倍以上。消费者在面对这些鸡蛋时往往存在疑惑，不知道价格高的草鸡蛋、土鸡蛋是否具有更高的营养价值。本实验将利用紫外-可见分光光度计对不同鸡蛋中蛋白质的含量进行测定，用数据来解开市场上名目繁多的鸡蛋的"神秘面纱"。

蛋白质在碱性溶液中能与 Cu^{2+} 形成紫红色络合物，且颜色的深浅与蛋白质浓度成正比，故可以用来测定蛋白质的浓度，该方法称为双缩脲法。

三、仪器和试剂

仪器：紫外-可见-近红外分光光度计（UV-2401）（见图 1）；分析天平；离心管若干；

10mL带塞比色管若干。

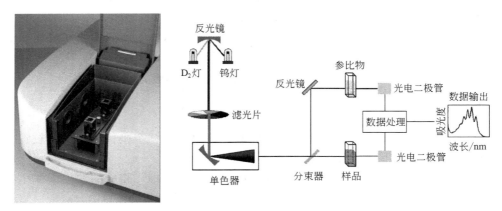

图1 紫外光谱仪及其内部结构

试剂：鸡卵清蛋白标样；乙酸铵溶液（$1.0\ mol·L^{-1}$）；硫酸铜（$CuSO_4·5H_2O$）；酒石酸钾钠（$NaKC_4H_4O_6·4H_2O$）；新鲜鸡蛋三种：草鸡蛋、土鸡蛋、洋鸡蛋。

四、实验步骤

1. 待测样品预处理

（1）三种鸡蛋各取一枚，分离出蛋清和蛋黄，分别置于干燥洁净的烧杯中，称取4.0g的蛋清、2.0g蛋黄，再加入乙酸铵溶液，使每份样品总质量达25.0g。

（2）将6份样品放在磁力搅拌器上搅拌15min。

（3）将搅拌后的样品移至离心管中，在$10000\ r·min^{-1}$条件下离心20min，取出，待用。

2. 双缩脲试剂的配制

取0.75g $CuSO_4·5H_2O$和3.0g $NaKC_4H_4O_6·4H_2O$，用250mL水溶解，在搅拌下加入150mL 10%氢氧化钠溶液及0.5g KI；用水稀释定容到500mL，避光保存。

3. 蛋白质标样的配制

准确称取鸡卵清蛋白标样100mg，置于10mL比色管中，用$1.0\ mol·L^{-1}$乙酸铵溶液定容至10mL，充分摇匀。配成浓度为$10\ mg·mL^{-1}$的卵清蛋白标准溶液。

分别移取$10\ mg·mL^{-1}$卵清蛋白标准溶液0.0mL、0.2mL、0.4mL、0.6mL、0.8mL、1.0mL于6支5mL比色管中，分别加入4mL双缩脲试剂，用乙酸铵溶液定容。摇匀，在室温下放置30min，待用。

4. 光谱测定

在光谱测定模式下，以乙酸铵为参比溶液，在200~800nm的波长范围内，对样品进行光谱测量，并记录样品的λ_{max}值。

5. 绘制标准工作曲线

在定量测定模式下，以乙酸铵为参比溶液，测定并记录系列标准样品在λ_{max}处的吸光度值。

6. 测量系列待测样品

分别移取0.2mL蛋清和蛋黄样品于5mL比色管中，各加入4mL双缩脲试剂，用乙酸铵溶液定容、摇匀,在室温下放置 30min。以乙酸铵为参比溶液,测定并记录每一个样品溶液在 λ_{max} 处的吸收值。

五、数据处理

绘制标准工作曲线,根据标准工作曲线求出各待测样品的蛋白质含量。

六、思考题

1. 选择显色反应的最佳条件的依据是什么?
2. 本实验中测定鸡蛋中蛋白质含量的依据是什么?应用紫外-可见分光光度计能否有其他方法测定蛋白质的含量,若有,请设计合理的实验方案。

实验 11 红外光谱法测定几种有机物的结构

一、实验目的

1. 了解红外光谱仪的工作原理及操作方法。
2. 简单了解红外检测中样品的制备方法,学会固体样品的 KBr 压片技术。
3. 学习红外光谱谱图解析的基本方法,了解用标准数据库进行谱图检索的方法。

二、实验原理

红外光谱是研究分子振动和转动信息的分子光谱。它是利用物质的分子吸收了红外辐射后,引起偶极矩的净变化,产生分子振动和转动能级从基态到激发态的跃迁,得到分子振动能级和转动能级变化产生的振动-转动光谱。红外光谱可用于分子结构的基础研究和用于物质的化学组成分析。它以波长或波数为横坐标,以百分透过率或吸收率为纵坐标来记录谱带,并判断特征吸收峰的位置。

红外光谱定性是根据光谱中吸收峰的位置和形状来鉴定未知物中含有哪些基团,或结合其他实验资料(如质谱、紫外光谱、核磁共振波谱等)进行物质结构分析。红外光谱定性分析具有灵敏性高、分析时间短、需要的试样量少、不破坏试样、测定方便等优点,使其具有较广泛的应用。分子振动伴随转动能级跃迁大多在中红外区($4000\sim400cm^{-1}$),红外光谱多在此波数区间进行检测。其中,$4000\sim1350cm^{-1}$ 区域称为基团特征频率区(也称官能团区),主要用于分析有机化合物分子中的原子基团及其在分子中的相对位置。$1350\sim650cm^{-1}$ 区域称为指纹区,化合物结构上的微小差异会使这一区域的谱峰产生明显差异,犹如人的指纹因人而异一样,此区域的主要价值在于表示整个分子特征。因此,在相同的条件下测定化合物和样品的红外吸收光谱,可以对化合物进行定性分析。

傅里叶变换红外光谱仪是 20 世纪 70 年代后发展起来的,它具有扫描速度快、光通量大、分辨率高、光谱范围宽等特点,主要由红外光源、迈克尔逊干涉仪、检测器、计算机等部分组成。其原理是红外辐射经迈克尔逊干涉仪变为干涉光,通过试样和检测器后得到含试样信息的干涉图,由计算机采集,再经傅里叶变换处理,得到红外光谱。红外光谱的试样可以是液体、固体或气体，一般应要求：①试样应该是单一组分的纯物质，多组分试样应在测定前尽量预先分离提纯，否则各组分光谱相互重叠，难于判断；②试样中不应含有游离水，水本身有红外吸收，且会侵蚀吸收池的盐窗；③试样的浓度和测试厚度应选择适当，以使光谱图中的大多数吸收峰的透射比处于10%～80%范围内。

红外光谱制样的方法主要有以下几种。

（1）液体池法　沸点低于100℃的样品可采用液体池法制样。选择不同的垫片尺寸可以调节液池的厚度，对于一些吸收很强的样品，可用适当的溶剂配成稀溶液进行测定。

（2）液膜法　沸点高于100℃或黏稠的样品可采用液膜法制样。方法是将样品直接滴在两个盐片之间，使之形成液膜。

（3）石蜡糊法　将干燥的试样研细，与液体石蜡或全氟代烃混合，调成糊状夹在盐片中测定。

（4）压片法　将$0.5\sim2mg$试样与$100\sim200mg$纯KBr研细均匀，置于模具中，用压片装置压成透明的薄片后测定。试样和KBr都应经干燥处理，研磨粒度最好小于$2\mu m$，以避免散射光对测定的干扰。

（5）薄膜法　薄膜法多用于高分子化合物的测定。可将它们直接加热熔融后涂制或压制成膜。也可将试样溶解在低沸点的易挥发溶剂中，涂在盐片上，待溶剂挥发后成膜测定。此外，气体样品可在气体进样槽中测定。

红外光谱定量分析是依照特征吸收峰的强度来测定混合物中各组分的含量，它的依据是朗伯-比耳定律。

三、仪器和试剂

仪器：TENSOR27傅里叶变换红外光谱仪；玛瑙研钵；压片机；模具；盐片；红外灯；钢铲；镊子。

试剂：KBr（光谱纯）；苯甲酸（分析纯）；苯乙酮（分析纯）；聚苯乙烯（分析纯）。

四、实验步骤

1. 打开主机电源和工作站，仪器开始自检，预热仪器10min。

2. 样品的制备

（1）固体样品苯甲酸的制备——KBr压片法　KBr在玛瑙研钵中磨细，干燥箱中110℃干燥2h以上，然后放在磨口瓶中置于干燥器中备用。在玛瑙研钵中加入已经干燥的苯甲酸1mg左右，在红外灯下粉碎研磨，直到充分研细（粒度小于$2\mu m$）并混合均匀。再加入约300mg干燥的KBr粉末压片（压力$1.5\sim2.0MPa$）。

取出清洁、干燥的压片模具，将一压舌光面向上放入模芯中，套上套环，将适量研磨好的样品均匀铺撒入模芯中，将另一压舌光面向下放入模芯中，然后将压杆插入，并用手的压力将压杆底座和底座旋转一下，使模具芯内试样趋于均匀分布（见图1）。

将模具防御压片机中间位置，通过手轮调节压力杆，使其顶好。顺时针拧紧手轮，关闭放油阀。上下摆动把手，同时观察压力表读数，加压到20MPa，维持压力$1\sim2min$。逆时

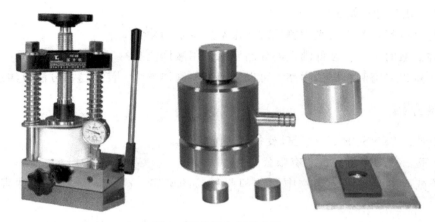

图 1 压片机和压片磨具

针拧开放油阀泄压，工作活塞自动复位，取下模具。然后将模具倒置，放上不锈钢环，稍加压力即可顶出试样。压好的应是厚为 0.5～1mm 的透明圆片，然后将此透明薄片装于样品架上，放入仪器光路中进行测定。

（2）固体样品聚苯乙烯的制备——薄膜法　将聚苯乙烯溶于二氯甲烷中，滴加在干净的载玻片上，然后在通风处自然干燥，除去大部分溶剂。然后进一步在红外灯下烘干溶剂。成膜后用镊子小心撕下薄膜，放在样品架上进行红外测定。

（3）液体样品苯乙酮的制备——液膜法　在盐片上滴 1～2 滴液体（苯乙酮）试样，将另一盐片平压在上面（不能有气泡），盐片之间形成一层薄的液膜，将它放在夹具夹中固定即可测量。

3. 调用测定模式，进行背景扫描，这时在屏幕下面出现 1,2,3,4,5…字样，等待扫描完成。

4. 样品扫描：将样品放入光路中，按"样品扫描"，这时在屏幕下面出现 1,2,3,4,5…字样，等待扫描完成，处理谱图后保存。

5. 扫谱结束后，取下样品架，取出薄片，按要求将模具、样品架等洗净擦干放入干燥器中。如用盐片，用纸把上面的液体擦干净，取少量的无水乙醇清洗样品，在红外灯下用滑石粉和无水乙醇进行抛光，处理后再用无水乙醇清洗，红外灯下烘干，最后把两个盐片收好放入干燥器中备用。

6. 测试完毕，关闭主机、工作站电源。

五、数据处理

1. 对几张测得的红外谱图进行主要吸收峰的归属。
2. 比较三个物质分子结构上的差异，进而讨论对谱图的影响。
3. 把扫谱得到的谱图与已知标准谱图进行对照比较。

六、思考题

1. 用压片法制样时，为什么要求研磨到颗粒度在 $2\mu m$ 左右？研磨时不在红外灯下操作,谱图上会出现什么情况?

2. 为什么进行红外吸收光谱测试时要做空气背景扣除?

3. 液体测量时,为什么低沸点的样品要求采用液体池法?

4. 对于难以研磨和粉碎的样品,可以采用哪些制样方法?使用这些方法应注意什么?

七、 仪器介绍

仪器型号:TENSOR 27 傅里叶变换红外光谱仪。

生产厂商:德国布鲁克科技有限公司。

应用领域:主要应用于药物中间体和原料药的鉴定,高分子材料功能性官能团的检测等。

仪器简介:布鲁克 TENSOR 27 傅里叶变换红外光谱仪的内部结构见图 2,外部结构见图 3。

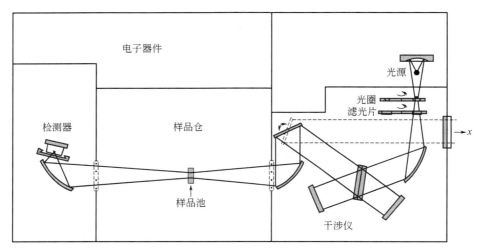

图 2　傅里叶变换红外光谱仪的内部结构

图 3　布鲁克 TENSOR 27 傅里叶变换红外光谱仪外观图

【注意事项】

1. KBr 容易吸水,使用前在 120℃ 的烘箱中干燥 10h 以上或在 110℃ 真空干燥箱中干燥 2h 以上,平时 KBr 应放入干燥器中贮存备用,制样过程应在红外灯下进行,以防止吸水。

2. 研磨样品一定要用玛瑙研钵，研磨时必须把样品均匀地分散在 KBr 中，并且尽可能将它们研细到 $2\mu m$ 左右。

3. 要掌握好样品与 KBr 的比例以及圆片的厚度，以得到一个质量好的透明的薄片。

4. 液体池的盐片应保持干燥透明，每次测定前后均应反复用无水乙醇清洗并在红外灯下烘干，放在干燥器内密闭保存。

实验 12　红外吸收光谱测定 8-羟基喹啉结构

一、实验目的

1. 了解傅里叶变换红外光谱仪的工作原理，学习其使用方法。
2. 掌握常用的固态物质红外制样方法——溴化钾压片法。
3. 学习利用红外吸收光谱对有机化合物结构进行定性鉴定的方法。

二、实验原理

红外吸收光谱是有机化合物结构鉴定的重要方法之一，它主要能提供有机物中所含官能团等信息。

测定红外光谱时，不同类型的样品需采用不同的制样方法。固态样品一般可采用压片法和糊状法制样。压片法是将样品与溴化钾粉末混合并均匀研细后，压制成厚度约为 1mm 的透明薄片；糊状法是将样片研磨成足够细的粉末，然后用液体石蜡或四氯化碳调成糊状，然后将糊状物薄薄地均匀涂布在溴化钾晶片上。由于石蜡或四氯化碳本身在红外光谱中有吸收，所以在解析谱图时要将它们产生的吸收峰扣除。

测绘样品的红外光谱图仅仅是化合物结构鉴定工作的第一步，更重要的是对红外光谱图进行解析。红外光谱图中有很多吸收峰，含有丰富的结构信息，但其中有许多还不能准确地解释。对于初学者来说，主要应掌握 $4000\sim1500cm^{-1}$ 官能团特征频率区的吸收峰和 $1500cm^{-1}$ 以下一些重要吸收峰的归属，并学会红外标准谱图的查阅或标准谱库的计算机检索方法。

8-羟基喹啉

8-羟基喹啉是一种白色或淡黄色结晶或结晶性粉末，不溶于水和乙醚，溶于乙醇、丙酮、氯仿、苯或稀酸，能升华；可作为杀菌防霉剂；农药、医药合成金属缓蚀剂；农业上用作杀菌剂；也用作绳索、线、皮革、乙烯基塑料的防霉剂等。

本实验用 KBr 压片法测 8-羟基喹啉的红外光谱图并进行解析和标准谱库检索。

三、仪器和试剂

仪器：红外光谱仪；红外干燥灯；不锈钢镊子和样品刮刀；玛瑙研钵；试样纸片；压模；压片机；磁性样品架；无水乙醇浸泡的脱脂棉等。

试剂：8-羟基喹啉；溴化钾粉末。

四、实验步骤

1. 开启仪器，启动计算机并进入窗口。

2. 压片法制样：取 1～2mg 干燥试样放入玛瑙研钵中，加入 100mg 左右的溴化钾粉末，磨细研匀。按照实验 11 图 1 顺序放好压模的底座、底模片、试样纸片和压模体，然后，将研磨好的含试样的溴化钾粉末小心放入试样纸片中央的孔中，将压杆插入压模体，在插到底后，轻轻转动使加入的溴化钾粉末铺匀。把整个压模放到压片机的工作台垫板上，旋转压力丝杆手轮压紧压模，顺时针旋转放油阀到底，然后，缓慢上下压动压把，观察压力表。当压力达到约 $100～120 kgf·cm^{-2}$ 时，停止加压，维持 2～3min，反时针旋转放油阀，压力解除，压力表指针回到"0"，旋松压力丝杆手轮，取出压模，即可得到固定在试样纸片孔中的透明晶片。将试样纸片小心地放在磁性样品架的正中间，压力磁性片。制好的试样供下一步收集样品图时用。

3. 绘制试样 8-羟基喹啉的红外光谱图并进行标准谱库检索。整个过程包括：①设定收集参数；②收集背景；③收集样品图；④对所得试样谱图进行基线校正、标峰等处理；⑤标准谱库检索；⑥打印谱图。

4. 收集样品图完成后，即可从样品室中取出样品架。并用浸有无水乙醇的脱脂棉将用过的研钵、镊子、刮刀、压模等清洗干净，置于红外干燥灯下烘干，以备制下一个试样。

五、数据处理

1. 对照试样的结构，对红外谱图中的吸收峰进行归属。$4000～1500 cm^{-1}$ 区域的每一个峰都应讨论，小于 $1500 cm^{-1}$ 的吸收峰选择主要的进行归属。

2. 记录计算机谱库检索的结果，并对检索结果进行评价和讨论。

六、思考题

1. 化合物的红外光谱是怎样产生的？它能提供哪些重要的结构信息？
2. 为什么甲基的伸缩振动出现在高频区？
3. 单靠红外光谱解析能否得到未知物的准确结构，为什么？
4. 含水的样品是否能直接测定其红外光谱，为什么？

七、仪器介绍

仪器型号：Nicolet8700。

生产厂商：美国赛默飞世尔（Thermofisher）。

应用领域：主要应用于水处理中间产物的鉴定，吸附或催化材料功能性官能团的检测和化合物界面作用机制的研究。

仪器简介：FT-IR Nicolet8700 傅里叶变换红外光谱仪是常规红外连续扫描和步进扫描功能为标准配置的最高研究级的傅里叶变换红外光谱仪，它摒弃了常规红外连续扫描所遇到的傅里叶调制干扰，可以直接进行时间、空间及相位功能的研究。其内部结构见图 1，外部结构见图 2。

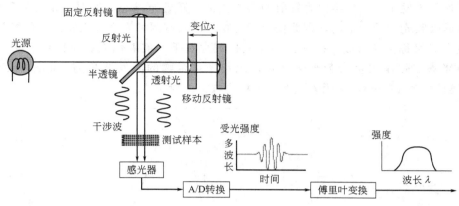

图 1　傅里叶变换红外光谱仪的内部结构

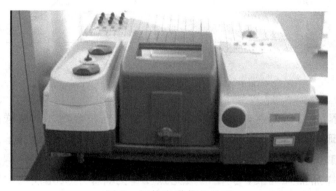

图 2　红外光谱仪的外观

【注意事项】

1. 制样时，试样量必须合适。试样量过多，制得的试样晶片太"厚"，透光率差，导致收集到的谱图中强峰超出检测范围；试样量太少，制得的晶片太"薄"，收集到的谱图信噪比高。

2. 红外光谱实验应在干燥的环境中进行，因为红外光谱仪中的一些透光部件是由溴化钾等易吸水的物质制成，在潮湿的环境中极易损坏。另外，水本身能吸收红外线产生强的吸收峰，干扰试样的谱图。

实验 13　荧光分光光度法测定维生素 C

一、实验目的

1. 掌握荧光法测定食品中维生素 C 含量的方法。
2. 了解分子荧光分析法的基本原理。
3. 了解 CRT-970 型荧光分光光度计的使用方法。

二、实验原理

处在基态的荧光分子吸收了特征频率的光能后，由基态跃迁至激发态，处于激发态的分子，通过无辐射去活，将多余的能量转移给其他分子，或激发态分子通过振动或转动弛豫后，回至最低激发态，然后再以光辐射的形式去活，跃迁至基态，发射出来的光称为荧光。荧光是物质吸收光能后产生的，因此任何荧光物质都具有两种光谱：激发光谱和发射光谱。

维生素 C 又称抗坏血酸。抗坏血酸在氧化剂存在下，被氧化成脱氢抗坏血酸，脱氢抗坏血酸与邻苯二胺作用生成荧光化合物，此荧光化合物的激发波长为 350nm，荧光波长（即发射波长）为 433nm，其荧光强度与抗坏血酸浓度成正比。

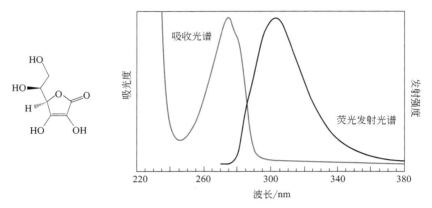

图 1　维生素 C（抗坏血酸）结构及其荧光光谱

若样品中含丙酮酸，它也能与邻苯二胺生成一种荧光化合物，干扰样品中抗坏血酸的测定。在样品中加入硼酸后，硼酸与脱氢抗坏血酸形成的螯合物不能与邻苯二胺生成荧光化合物，而硼酸与丙酮酸并不作用，丙酮酸仍可以发生上述反应。因此，在测量时，取相同的样品两份，其中一份样品加入硼酸，测出的荧光强度作为背景的荧光读数。另一份样品不加硼酸，样品的荧光读数减去背景的荧光读数后，再与抗坏血酸标准样品的荧光读数相比较，即可计算出样品中抗坏血酸的含量。

三、仪器和试剂

仪器：组织捣碎机；离心机；荧光分光光度计（CRT-970）。

试剂：溴水。

百里酚蓝指示剂（麝香草酚蓝）：称 0.1g 百里酚蓝，加 0.02mol·L^{-1} 氢氧化钠溶液 10.75mL 溶解，用水稀释至 200mL，变色范围为 pH1.2（红）～2.8（黄）。

乙酸钠溶液：称取 500g 乙酸钠溶解并稀释至 1L。

硼酸-乙酸钠溶液：称取硼酸 9g，加入 35mL 乙酸钠溶液，用水稀释至 1000mL（使用前配制）。

邻苯二胺溶液：称取 20mg 邻苯二胺盐酸盐溶于 100mL 水中（使用前配制）。

偏磷酸-冰醋酸溶液：称取 15g 偏磷酸，加入 40mL 冰醋酸，加水稀释至 500mL 过滤后，贮存于冰箱中。

偏磷酸-冰醋酸-硫酸溶液：称取 15g 偏磷酸，加入 40mL 冰醋酸，用 0.015mol·L^{-1} 硫酸稀释至 500mL。

抗坏血酸标准溶液：准确称取 0.500g 抗坏血酸溶于偏磷酸-冰醋酸溶液中，定容至 500mL 容量瓶中，此标准溶液浓度为每毫升相当于 1mg 的抗坏血酸（每周新鲜配制）；吸取上述溶液 5mL，再用偏磷酸-冰醋酸溶液定容至 50mL，此溶液每毫升相当于 0.1mg 的抗坏血酸标准溶液（每天新鲜配制）。

活性炭：取50g活性炭加入250mL10％盐酸，加热至沸，减压过滤，用蒸馏水冲洗活性炭，检查滤液中无铁离子为止，再于110～120℃烘干备用。

四、实验步骤

1. 仪器操作条件

按照仪器使用规程正确操作，一般来说，首先打开氙灯电源，预热几分钟再开主机电源，稍等片刻，待仪器自检完毕，打开电脑进行联机。根据待测样品情况，设定好相应参数，即可进行样品测定。

2. 绘制标准曲线

（1）将制备好的50mL标准溶液（含抗坏血酸0.1mg·mL^{-1}）倒入锥形瓶中，再往锥形瓶中加入2～3滴溴水（在通风橱中进行），摇匀变微黄色后，通空气将溴排净，使溶液恢复为无色，若用活性炭为氧化剂，加1～2g活性炭摇匀1min，过滤。

（2）取2只50mL容量瓶，各加入刚处理过的溶液1.0mL，其中一只容量瓶中再加入20mL乙酸钠溶液，用水定容至刻度，此液作为标准溶液。另一只容量瓶中加入20mL硼酸-乙酸钠溶液，用水定容至刻度，此液作为标准空白溶液。

（3）取5支带塞的刻度试管，一支试管中加入2.0mL标准空白溶液，另4支试管中各吸0.5mL、1.0mL、1.5mL、2.0mL标准溶液，再分别用蒸馏水定容至3.0mL。

（4）避光反应：在避光的环境中，迅速向各管中加入5mL邻苯二胺溶液，加塞，振摇1～2min，于暗处放置35min。

（5）荧光测定：选择最佳的仪器条件（激发波长为350nm），记录标准溶液各浓度的荧光强度和标准空白溶液的荧光强度，用标准溶液荧光强度减去标准空白溶液的荧光强度，计算相对荧光强度。

3. 样品测定

（1）样品处理：称取均匀样品10g（视样品中抗坏血酸含量而定，其含量为1mg左右），先取少量样品加入1滴百里酚蓝，若显红色（pH=1.2），即用偏磷酸-冰醋酸溶液定容至100mL；若显黄色（pH=2.8），即用偏磷酸-冰醋酸-硫酸溶液定容至100mL，定容后过滤备用。

（2）氧化处理：将全部滤液转入锥形瓶中，加入1～2g活性炭振摇1～2min，过滤。或在通风橱中加2～3滴溴，以下操作与绘制标准曲线同。

（3）取2只50mL容量瓶，各加入5.0mL经氧化处理的样液，再向其中一只加入20mL乙酸钠溶液，用水稀释至50mL，作为样品溶液；另一只加入20mL硼酸-乙酸钠溶液，用水稀释至刻度，作为样品空白溶液。

（4）取2支带塞的刻度试管，1支试管中加2.0mL样品溶液为样液，另一支试管中加入2.0mL样品空白溶液作为空白，再分别用蒸馏水定容至3.0mL。

（5）避光加邻苯二胺，以下操作与2.绘制标准曲线时（4）、（5）部分同样进行，得出样品的相对荧光强度。

五、数据处理

1. 绘制相对荧光强度对抗坏血酸溶液浓度的标准曲线。
2. 根据样品的相对荧光强度，从标准曲线上查出样品溶液中相对应的抗坏血酸浓度，再根据抗坏血酸浓度计算出样品中抗坏血酸的含量。

六、思考题

1. 测量未知试样时,其激发波长和发射波长如何获得?
2. 活性炭、溴作为抗坏血酸测定所用的氧化剂各有何优缺点?
3. 在进行维生素 C 测定时,会把仪器的激发狭缝选择的较窄(2nm),而发射狭缝选择的较宽(10nm),能否反过来呢?为什么?

【注意事项】
1. 样品中如有泡沫,可滴加几滴乙醇、戊醇或辛醇消泡。
2. 邻苯二胺溶液在空气中易氧化,颜色变暗,影响显色,所以应临用前配制。
3. 使用石英样品池时,应手持其棱角处,不能接触光面,用毕后,将其清洗干净。
4. 影响荧光强度的因素很多,每次测定的条件很难控制完全一致,因此每次必须做工作曲线,且标准曲线最好与样品同时做。

实验 14 荧光素的最大激发波长和最大发射波长的测定

一、实验目的

1. 熟悉 F-4600 型荧光分光光度计的工作原理和定性测量方法。
2. 掌握物质的最大激发波长和最大发射波长的测量方法。
3. 学习识别荧光物质的分子荧光峰和拉曼散射峰。

二、实验原理

荧光分光光度计(如日本日立公司的 F-4600)主要由光源、激发单色器、样品池、发射单色器、检测器及信号记录显示系统等组成,其基本结构如图 1 和图 2 所示。

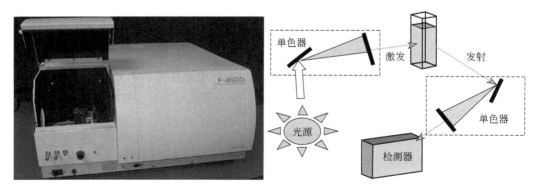

图 1 荧光分光光度计及其内部结构

由光源发出的光经第一单色器(激发单色器)分光后入射到样品池上,产生的荧光经第二单色器(发射单色器)分光后进入检测器,检测器把荧光强度信号转化成电信号,并经过放大器放大后经信号记录显示系统输出信号。通常在激发单色器与样品池之间及样品池与发射单色器之间还装有滤光片架,以便不同荧光测量时选择使用各种滤光片。滤光片的作用是

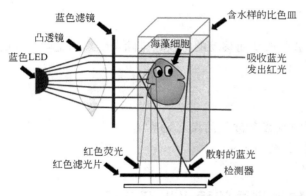 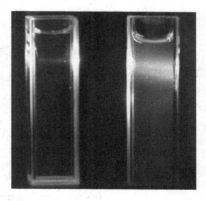

图 2　荧光仪的测定原理

为了消除或减小瑞利散射光及拉曼散射等的影响。仪器由计算机控制，并可进行固体物质的荧光测量及低温条件下的荧光测量等。

固定第二单色器的波长，使测定的荧光波长保持不变，而不断改变第一单色器的波长，测定相应的荧光强度，所得到的荧光强度与激发波长的谱图，称为激发光谱。

固定第一单色器的波长，使激发光的波长和强度保持不变，而不断改变荧光的测定波长（即发射波长），测定相应的荧光强度，所得到的荧光强度与发射波长的谱图称为发射光谱。

同一荧光物质的分子荧光光谱曲线的波长范围不因它的激发波长值的改变而位移。由于这一荧光特性，如果固定荧光最大发射波长，然后改变激发波长，从激发光谱中确定最大激发波长。反之，固定最大激发光波的波长值，测定不同发射波长时的荧光强度，即得荧光发射光谱曲线和最大荧光发射波长值。由于不同的荧光物质有各自特定的荧光发射波长值，所以，可用它来鉴别各种不同的荧光物质。

三、仪器和试剂

仪器：F-4600 型荧光分光光度计；四通石英比色皿；10mL 带塞比色管若干。

试剂：荧光素（分析纯）；去离子水；NaOH 溶液（$0.1mol·L^{-1}$）。

四、实验步骤

（1）配制浓度为 $0.5\mu g·mL^{-1}$ 的荧光素标准溶液（用 $0.1mol·L^{-1}$ NaOH 溶液溶解、稀释、定容）。

（2）打开计算机和分光光度计主机，双击分光光度计图标"FL-Solutions"，等系统自检结束，预热 15~30min。待仪器稳定后方可使用。

（3）选择光谱测量界面（"Method"—"General"—"Measurement"—"Wavelength scan"），设置测量参数（波长范围为 200~800nm，激发和发射狭缝宽度为 5nm，响应时间为 auto，扫描速度为 $12000nm·min^{-1}$），依次固定激发波长值为 450nm、460nm、470nm、480nm、490nm、500nm，绘制荧光素的各发射光谱图，并对叠加的谱图进行分析，确定荧光素的荧光发射峰，从而确定它的最大发射波长值。

（4）通过上述步骤确定的最大发射波长值，绘制荧光素的激发光谱，确定其最大激发波长值。

五、数据处理

比较各谱图，根据荧光峰不随激发波长改变而移动的特性，排除杂峰，确定荧光峰的波长范围及其最大发射峰的峰值。

六、思考题

1. 解释荧光分子的最大激发波长和最大发射波长的相互关系。
2. 影响荧光强度的因素有哪些？请列举。

实验 15　氨基酸类物质的荧光光谱分析

一、实验目的

1. 了解荧光分析法的基本原理。
2. 掌握 RF-5301 型荧光分光光度计的构造、原理及基本操作。
3. 掌握荧光分析技术应用于定量分析的原理及方法。

二、实验原理

氨基酸是含有氨基和羧基的一类有机化合物的通称，是生物功能大分子蛋白质的基本组成单位。色氨酸（Trp）、酪氨酸（Typ）和苯丙氨酸（Phe）是天然氨基酸中仅有能发射荧光的组分，可以用荧光法测定。

三、仪器和试剂

仪器：F-4600 型荧光分光光度计；10mL 带玻璃塞的比色管；分度吸量管。

试剂：

标准溶液 a：$2.0 g \cdot L^{-1}$ 的苯丙氨酸溶液。

标准溶液 b：$0.04 g \cdot L^{-1}$ 的酪氨酸溶液。

标准溶液 c：$0.04 g \cdot L^{-1}$ 的色氨酸溶液（所有溶液均用去离子水配制）。

酪氨酸待测样。

四、实验步骤

1. 配制实验样品

（1）分别移取标准溶液 a（$2.0 g \cdot L^{-1}$，0.8mL）、标准溶液 b（$0.04 g \cdot L^{-1}$，1mL）和标准溶液 c（$0.04 g \cdot L^{-1}$，0.4mL）于 10mL 比色管中，用去离子水稀释、定容、摇匀，待用。

（2）分别移取 0.00mL、0.2mL、0.4mL、0.5mL、1.0mL 标准溶液 b 于 5 个 10mL 比色管中，并用去离子水稀释、定容、摇匀，待用。

2. 仪器操作

（1）打开计算机和分光光度计主机，双击分光光度计图标"FL-Solutions"，等系统自检结束，预热 15~30min。待仪器稳定后方可使用。

（2）选择光谱测量界面（"Method"—"General"—"Measurement"—"Wavelength scan"），绘制

上述步骤（1）中各溶液的激发光谱和发射光谱，并确定各自的 $\lambda_{Em,max}$ 和 $\lambda_{Ex,max}$。

（3）选择定量测定界面（"Method"—"General"—"Measurement"—"photometry"），依据上述步骤中测得的酪氨酸的 $\lambda_{Em,max}$ 和 $\lambda_{Ex,max}$，设定定量测定的参数，测定系列标准溶液的荧光强度 I_s 值，然后在相同条件下测量未知样的相对荧光强度 I_x，并记录实验数据。

五、数据处理

1. 将测得的苯丙氨酸、酪氨酸和色氨酸溶液的激发光谱和发射光谱叠加在一个坐标系中，比较荧光峰位置及强度的变化，讨论各荧光峰变化的理论依据。

2. 根据酪氨酸系列标准溶液的荧光强度 I_s 及浓度 c，绘制 I_s-c 工作曲线，再由测得的 I_x，求出待测酪氨酸溶液的浓度。

六、思考题

1. 本实验中定量测定的条件参数是如何选择的，为什么？
2. 影响荧光特性的因素有哪些？请列举说明。
3. 根据常规的荧光法能够实现混合物中这三种氨基酸的分别测定吗？若能，请说明原因；若不能，请提出可行的测定方案。

实验 16　化学发光法测定水中铬(Ⅲ)

一、实验目的

1. 掌握化学发光法进行定量分析的原理。
2. 了解化学发光测定仪的使用方法。

二、实验原理

根据化学发光强度或发光总量来确定物质组分含量的分析方法称为化学发光分析法。在碱性水溶液中，游离铬离子可催化鲁米诺-过氧化氢体系的化学发光反应，产生 $\lambda_{max}=425nm$ 的化学发光（见图1）。光强度与铬（Ⅲ）离子浓度在一定范围内呈线性关系。据光强的大小即可测出铬（Ⅲ）的浓度。铬（Ⅵ）对发光反应无催化活性，不干扰铬（Ⅲ）的测定。若测定铬的总量，须先用亚硫酸处理水样，使铬（Ⅵ）还原为铬（Ⅲ），再进行测定。

三、仪器和试剂

仪器：化学发光测定仪（FT-632型）；容量瓶；刻度吸管；液体加样器等。
试剂：
1. 铬标准溶液：$100\mu g \cdot mL^{-1}$。
2. 鲁米诺储备液（$1\times10^{-3} mol \cdot L^{-1}$）：称取0.08856g鲁米诺，用 $1mol \cdot L^{-1}$ NaOH 溶解，转入500mL容量瓶中，用去离子水定容，避光保存。

图1 鲁米诺-过氧化氢体系的化学发光

3. 鲁米诺分析液（$2.5×10^{-4}$ mol·L^{-1}）：量取125mL鲁米诺储备液，分别加入50mL $1.0×10^{-2}$ mol·L^{-1} EDTA、4.2g NaHCO$_3$、30g KBr 及250mL 二次水，用1mol·L^{-1} NaOH 调节pH值为12，于500mL容量瓶中定容，避光保存，4h后使用。

过氧化氢溶液（0.6%）：取0.5mL 30% H$_2$O$_2$ 于250mL容量瓶中，用0.1mol·L^{-1} NaOH溶液定容。

四、实验步骤

1. 试液配制

分别吸取100μg·mL^{-1}的铬(Ⅲ)操作液0.0mL、0.2mL、0.4mL、0.6mL、1.0mL及1.0mL水样于50mL容量瓶中，分别加入5mL 2.5mol·L^{-1} KBr溶液、5mL $1.0×10^{-2}$ mol·L^{-1} EDTA溶液，二次水定容。

2. 测定

仪器通电后5min调增益至5.7，稳定30min。测定时吸取0.2mL样品于小试管中，将试管置入样品池，转至测量位置，记录仪于扫描挡，立即注射0.2mL鲁米诺与过氧化氢的等体积混合液，记录发光信号，绘制工作曲线，算出水样中的铬含量。实验完毕，将增益调至零，再关仪器开关并清洗试管和注射器。

五、数据处理

据上述峰高数据绘制 h-c 工作曲线，求出试样中 Cr(Ⅲ) 的浓度。

六、思考题

1. 化学发光分析研究中，常需记录化学发光光谱，如何实现？
2. 鲁米诺的氧化发光受共存物质干扰较严重，本实验是如何消除共存金属离子干扰的？为什么能消除干扰？

Ⅲ 原子光谱实验

实验17 火焰原子吸收光谱法测定头发中的钙

一、实验目的

1. 了解火焰原子吸收光谱的工作原理，学习其使用方法。
2. 掌握原子吸收光谱常用的样品前处理方法——湿法消解。
3. 学习火焰原子吸收光谱法检测存在的主要干扰及抑制干扰的方法。

二、实验原理

原子吸收是一个受激吸收跃迁的过程。当有辐射通过自由原子蒸气，且入射辐射的频率等于原子中外层电子由基态跃迁到较高能态所需能量的频率时，原子就要从辐射场中吸收能量，产生共振吸收。由于原子能级是量子化的，而且各元素的原子结构和外层电子的排布不同，因而各元素的共振吸收线具有不同的特征。原子吸收光谱就是利用原子对辐射的选择性吸收对元素进行定量分析的方法。

当实验条件一定时，吸光度的测试符合朗伯-比耳定律

$$A = Kc$$

式中，K 为与实验条件有关的常数。

原子吸收光谱的样品一般需要进行前处理才能进行上机检测，前处理方法有两种，湿法消解和干法消解。湿法消解是指用强氧化性酸将样品中的有机基体等在一定的温度下氧化分解，将样品中的待测元素转化成离子形式留在液相中，然后进行定量检测；干法消解要将样品炭化后放在马弗炉中高温下将样品中的有机物灰化，待测元素变成氧化物或者盐的形式留在灰分中，然后用少量的酸溶解，检测。

原子吸收光谱分析中，主要存在着物理干扰、化学干扰、电离干扰、光谱干扰等。对于不同原因产生的背景干扰其消除方法也不同，在火焰原子吸收光谱中常用的方法为用连续光源氘灯消除背景、用不含待测元素的基体溶液来校正背景吸收等。

三、仪器和试剂

仪器：SolaarS2（美国热电公司）或者普析 TAS-790（北京普析通用公司）原子吸收光谱仪；空气压缩机；钙空心阴极灯；电子分析天平（梅特勒）。

试剂：硝酸（优级纯）；乙炔；二次蒸馏水；钙标准储备液（$1.00 \text{g} \cdot \text{L}^{-1}$）。

$10 \text{g} \cdot \text{L}^{-1}$锶溶液：称取六水合氯化锶（分析纯）3.04g，溶于二次蒸馏水中，定容至100mL容量瓶中。

四、实验步骤

1. 头发样品的准备和消解

取待测者后脑勺距发根部起 2~3cm 的头发，用中性洗涤剂清洗，浸泡 15min，用蒸馏水洗涤干净，于 80℃烘箱中烘干，保存于干燥器中备用。

用电子分析天平准确称取头发样品 0.1g（精确到小数点后四位）于锥形瓶中，加入 5.00mL 硝酸，锥形瓶上放置一个小三角漏斗，在电炉上缓慢加热，并每间隔几分钟对反应液进行摇匀，至头发完全消失。升高电炉温度，将反应液浓缩至 0.5mL 左右。冷却，定量转移至 25mL 容量瓶中，并加入 1mL 锶溶液，定容，待测。同时制备试剂空白。

2. 标准溶液的配制

准确移取 10.00mL 钙标准储备液（$1.00g \cdot L^{-1}$）于 100mL 容量瓶中，用 0.5%的 HNO_3 定容至刻度，此为钙标准使用液（$100.0mg \cdot L^{-1}$）。

用移液管分别移取钙标准使用液 0mL、1.00mL、2.00mL、3.00mL、4.00mL、5.00mL 于 50mL 容量瓶中，并加入 2mL 锶溶液，定容，待测。

3. 仪器准备与检测

（1）开启仪器、空气压缩机和计算机，启动工作站，仪器自检。

（2）点燃钙灯预热。编辑钙的检测方法，主要包括以下几个方面：①光谱检测条件如光谱通带、检测波长等（一般用默认条件）；②测定所需要的气体条件（气体种类及流量）；③样品信息表及标准溶液信息表（见表1）。

（3）打开乙炔钢瓶，使其次级压力达到 0.1MPa，点火。

（4）校准光路，开始运行分析，记录数据。

（5）分析结束，关闭钙灯，输出检测结果；毛细管吸喷蒸馏水 10min 后，关火，依次关闭乙炔钢瓶、空气压缩机、工作站和仪器、计算机。

表 1　仪器参数设定

待测元素	波长/nm	狭缝/nm	灯电流/mA	测量方式	火焰类型	燃气流量/$L \cdot min^{-1}$	背景校正
Ca	422.7	0.5	10	时间平均	空气-乙炔	1.4	关闭

五、数据处理

根据检测结果求算头发样品中钙的含量，并对结果进行讨论。

六、思考题

1. 火焰原子化器包括哪几个部分？
2. 火焰原子吸收光谱测定不同的元素时火焰如何选择？
3. 实验中锶离子对钙的测定有何作用？

七、仪器介绍

仪器型号：SolaarS2，见图1。

生产厂商：美国热电公司（Thermo）。

应用领域：主要应用于食品中微量元素的测定，环境中重金属的测定。

仪器简介：火焰原子吸收分析是最常用的技术（图2），具有分析成本低、分析速度快、效益高的特点，非常适合含有目标分析物的液体或溶解样品。由于存在雾化过程，最终只有少量样品到达火焰，火焰 AAS 可以提供相对高效的去干扰作用，从而确保可靠的准确性。非常适用于 $mg \cdot L^{-1}$ 级痕量元素的检测，某些元素含量可以测至更低。

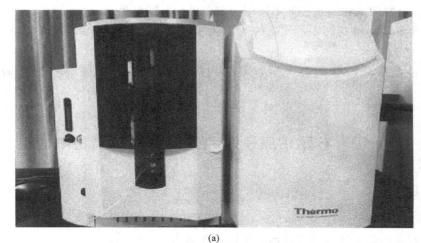

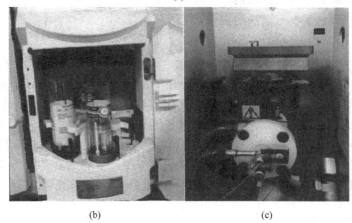

图1　原子吸收光谱仪（a）及其光源（b）和火焰原子化器（c）

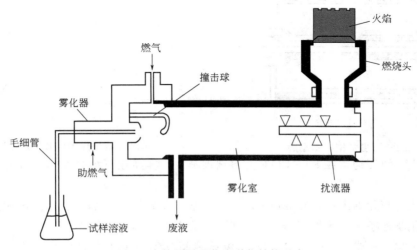

图2　火焰原子吸收光谱仪结构示意

【注意事项】

1. 浓硝酸有强氧化性，强腐蚀性，取用时必须小心；在消解时有有毒的棕黄色二氧化氮气体产生，消解的步骤必须在通风橱中完成，操作时戴好手套。

2. 乙炔为易燃易爆的气体，气路的气密性一定要好，以防泄漏，检测完毕及时关闭乙炔钢瓶。

3. 火焰温度很高，点火燃烧后，不要过分靠近火焰，观察火焰要隔着隔热玻璃进行。

实验18　石墨炉原子吸收光谱法测定奶粉中的铬

一、实验目的

1. 了解干法消解的原理。
2. 掌握石墨炉原子吸收光谱仪的使用和操作技术。
3. 熟悉石墨炉原子吸收光谱法的应用。

二、实验原理

原子化器的功能是提供能量，使试样干燥、蒸发和原子化。在原子吸收光谱分析中，试样中被测元素的原子化是整个分析过程的关键环节。实现原子化的方法，最常用的有两种：火焰原子化法和非火焰原子化法，在后者中应用最广的是石墨炉电热原子化法。

石墨炉原子化器由加热电源、保护气控制系统和石墨管状炉组成（见图1）。将样品用进样器定量注入石墨管中，外电源加于石墨管两端，并以石墨管作为电阻发热体，通电后迅速升温，最高温度可达3000℃，使置于石墨管中的被测元素变为基态原子蒸气。

石墨炉测定需要经过干燥→灰化→原子化→净化四个阶段（见图2）。

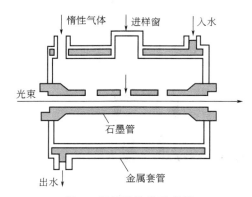
图1　石墨炉结构示意图

图2　石墨炉程序升温示意图

（1）干燥　温度通常在80～130℃。溶剂被蒸发，样品在石墨管加热平台表面形成一固体薄膜。

（2）灰化　灰化温度通常在350～1600℃。基体和局外组分尽可能多地被除掉，待测元素以相同的化学形态成为难熔组分，进入原子化阶段。

（3）原子化　通常在1500～2450℃。温度瞬间升到原子化高温状态，被测元素形成自由原子基态云，出现在光路中。

(4) 净化　通常在 2500℃。试样热分解的残留物有时会附着在石墨炉的两端，通入惰性气体"洗涤"，以使高温石墨炉内部净化，以消除记忆效应。

三、仪器和试剂

仪器：原子吸收光谱仪 PEAA800（美国 PerkinElmer 公司）；铬空心阴极灯；分析天平（梅特勒）；高纯氩气（99.999%）。

试剂：铬标准储备液（$1000\mu g \cdot mL^{-1}$）；浓硝酸；磷酸二氢铵；硝酸镁。所用玻璃容器和采样容器均用 20% HNO_3 浸泡过夜，用二次蒸馏水洗涤，晾干，备用。试剂均为 G.R. 级，实验用水为二次蒸馏水。

四、实验步骤

1. 相关溶液的配制

（1）$100.0\mu g \cdot mL^{-1}$ 铬标准储备液的配制　用 10.00mL 移液管量取 10.00mL 的 $1000\mu g \cdot mL^{-1}$ 铬标准溶液于 100mL 容量瓶中，用 0.2% 稀硝酸溶液定容至刻度，摇匀，备用。

（2）$10.0 ng \cdot mL^{-1}$ 的铬标准使用液的配制　取 1.00mL 的 $100.0 mg \cdot L^{-1}$ 的标准溶液于 100.0mL 的容量瓶中，用 0.2% 的稀硝酸稀释定容，此标准溶液为 $1.00 mg \cdot L^{-1}$ 然后取 1.00mL 的 $1.00 mg \cdot L^{-1}$ 的标准溶液于 100.0mL 的容量瓶，用 0.2% 的稀硝酸稀释定容，得到 $10.0 ng \cdot mL^{-1}$ 的铬标准使用液。

（3）系列铬标准溶液的配制　系列铬标准溶液由仪器自动稀释为 $2.00 ng \cdot mL^{-1}$、$4.00 ng \cdot mL^{-1}$、$6.00 ng \cdot mL^{-1}$、$8.00 ng \cdot mL^{-1}$、$10.00 ng \cdot mL^{-1}$ 各浓度。

（4）$1g \cdot L^{-1}$ 硝酸镁溶液和 $25g \cdot L^{-1}$ 磷酸二氢铵溶液的配制　称取磷酸二氢铵 2.5g、硝酸镁 0.1g，分别溶于 100mL 二次蒸馏水中，置于聚乙烯塑料瓶中并于冰箱保存。

2. 样品测试溶液的制备——干法消化法

准确称取 1.0g（精确至 0.0001g）粉碎好的某品牌奶粉于坩埚中，先用小火在密封式电加热器上小心地将样品炭化至无烟。移入马弗炉中 500℃ 灰化 6~8h 后冷却至室温。若个别试样灰化不彻底，则加 1mL 混合酸（硝酸和高氯酸按体积比为 4:1 的比例混合），在密封式电加热器上小火加热，反复多次直到消化完全，用二次蒸馏水将样品溶液转移到 50mL 容量瓶中，摇匀，过滤后待测。同时制备样品空白一份。

3. 仪器准备与样品测定

① 打开室内总电源开关；开空气压缩机，充满气后，使空压机输出压力保持在 $4.6 kgf \cdot cm^{-2}$ 以上；开氩气为 0.35~0.4MPa；开启通风系统。

② 打开计算机和仪器主机电源，此时仪器石墨炉的自动进样器进行自检。点击计算机桌面上的 AAWinlab Analyst 快捷图标，进行联机，此时光谱仪对光栅、电机等进行自检，直到屏幕上出现 Select Workspace 画面。

③ 在 Technique 选择分析技术 Furnace，完成原子化系统从火焰到石墨炉的转变；如果石墨炉在当前光路上，则不需更换，可直接点击"Menus and Toolbar"，即进入工作界面。

④ 点击 Lamp 窗口，预热测定元素的灯，进行石墨炉位置优化，随后调节进样针的位置。

⑤ 编辑并保存分析方法和样品表，标准系列和样品以及稀释剂、基体改进剂放在方法

和样品信息中设定的自动进样器位置上。

⑥ 测定样品：测定铬标准溶液系列的吸光度和样品溶液的吸光度，记录。

⑦ 分析完成后，打印报告，关闭灯，退出系统，关闭主机电源；再关闭空气压缩机和室内电源。

实验条件的设定分别见表1和表2。

表1　PEAA800原子吸收光谱仪工作参数

待测元素	波长/nm	狭缝/nm	灯电流/mA	背景校正	进样量/μL	基体改进剂及用量/μL
Cr	357.9	0.7	10	AA-BG	20	磷酸二氢铵2，硝酸镁3

表2　程序升温参数

待测元素	干燥1	干燥2	灰化	原子化	净化
Cr	110℃,15s	130℃,30s	1500℃,20s	2300℃,5s	2450℃,3s

4．加标回收实验

称取相同的四组奶粉样品，两份加入标准溶液，另两份不加，进行前处理，再进行检测，测得铬的回收率。

5．精密度检验

对同种样品平行测定8次，用相对标准偏差表示精密度（RSD应小于5%）。

五、数据处理

根据检测结果求算奶粉样品中铬的含量，并对照国家标准对结果进行讨论。

六、思考题

1．为什么要作标准曲线，怎样确定标准使用液的浓度？

2．使用石墨炉原子吸收分光光度计进行分析时，应优化哪些参数？升温程序中的干燥、灰化、原子化、清洗各起什么作用？

3．石墨炉原子吸收光谱法为何灵敏度较高？

4．如何优化石墨炉原子吸收光谱法的实验条件？

七、仪器介绍

仪器型号：AA800。

生产厂商：美国PE公司。

应用领域：主要应用于食品中微量元素的测定及环境中重金属的测定。

仪器简介：AA800原子吸收光谱仪采用实时双光束的光路设计，配备大面积光栅64mm×72mm，固态检测器；火焰和石墨炉可以在线切换。火焰系统采用全钛燃烧头、惰性材料雾化室，雾化器提升量可调，全气体流量控制；石墨炉系统采用THGA横向加热石墨炉，纵向塞曼效应校正背景，ASCOM电源直流升温，电压使用范围宽，一体化平台石墨管，BOC自动基线调零（见图3）。

【注意事项】

1．火焰或石墨炉技术切换之前要确保火焰或石墨炉系统转变时没有阻挡。

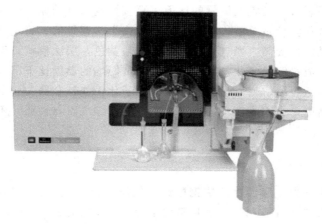

图 3　PE AA800 原子吸收光谱仪

2. 测定完最后一个高浓度的标准或者样品浓度过高，再测下一个样品之前，要空烧一次石墨管，以确保消除石墨炉的记忆效应。

实验 19　原子吸收法测定可乐中钙、镁、锌、铁的含量

一、实验目的

1. 了解原子吸收分光光度计的结构和操作方法。
2. 掌握实验条件的选择和干扰抑制剂的应用。
3. 了解从回收率评价分析方案和测定结果的方法。
4. 通过可乐中钙、镁、锌、铁含量的测定掌握原子吸收法的实际应用。

二、实验原理

1. 原子吸收光谱

光源发射的被测元素的特征辐射，通过样品蒸气时，被待测元素的基态原子所吸收，由光源辐射的减弱程度求得样品中被测元素的含量。

2. 定量分析的依据

在光源发射线的半宽度小于吸收线的半宽度（即锐线光源）的条件下，光源发射线通过一定厚度的原子蒸气，并被同种基态原子所吸收。吸光度与原子蒸气中待测元素的基态原子数之间，遵循朗伯-比耳定律。

3. 原子吸收条件

在原子吸收分析中，测定条件的选择非常重要，它对测定的灵敏度、准确度和干扰情况均有很大影响。

（1）灯电流　空心阴极灯的灯电流过大，发射线变宽，工作曲线弯曲，灵敏度降低，灯寿命减小；过小，则发光强度弱，发光不稳定，信噪比下降，所以在保证灯电流稳定和输出光强适当的条件下，尽可能选用较低的灯电流（通常以标明的最大电流的工作电流为宜）。

（2）燃助比　指燃气、助燃气流量的比值，直接影响试样的原子化效率。正常焰的燃气和助燃气的比例符合化学计量关系，它温度高、干扰小、背景低、稳定性好，适合许多元素的测定。富燃焰的燃助比提高，燃气量增大，火焰呈黄色，层次模糊，温度稍低，火焰呈还原性气氛，适合易形成难解离氧化物元素的测定。贫燃焰的燃助比下降，燃气量减小，氧化性较强，温度较低，适合易解离、易电离元素的原子化，如碱金属。

（3）燃烧器的高度　火焰高度不同，火焰温度和火焰气氛（性质）不同，产生基态原子浓度也就不同。

三、仪器和试剂

仪器：原子吸收分光光度计；乙炔钢瓶；空气压缩机；Fe、Ca、Mg、Zn空心阴极灯；容量瓶（50mL 17只，100mL 1只）；吸量管（1mL）1支，5mL 3支；烧杯和表面皿各3支。

试剂：Ca、Fe、Zn、Mg储备液（$1.000mg \cdot mL^{-1}$）。

四、实验步骤

1. 仪器结构与性能

原子吸收分光光度计主要由锐线光源、原子化装置、光学系统和检测系统四部分组成。

（1）光源　光源的作用是辐射待测元素的特征光谱。它应满足能发射出比吸收线窄得多的锐线，有足够的发射强度、稳定、背景小等条件，目前用得最多的是空心阴极灯。它由封在玻璃管中的一个钨丝阳极和一个由被测金属元素制成的圆筒状阴极组成，内充低压氖气或氩气。当在阴、阳极之间加上电压时，气体发生电离，带正电荷的气体离子在电场作用下轰击阴极，使阴极表面的金属原子溅射出来，金属原子与电子、惰性气体原子及离子碰撞激发而发出辐射。最后，金属原子又扩散回阴极表面重新沉积下来。测定每种元素，都要用该元素的空心阴极灯。

（2）原子化装置　原子化装置的作用是将试样中待测元素变成基态原子蒸气。火焰原子化器包括雾化器和燃烧器两部分。雾化器将试样雾化，喷出的雾滴碰在撞击球上，进一步分散成细雾。试液经雾化后，进入预混合器，与燃气混合，较大的雾滴凝聚后经废液管排出，较细的雾滴进入燃烧器，常用的缝式燃烧器，缝长50～150mm，缝宽0.5～0.6mm，适用于空气-乙炔焰。气路系统是火焰原子化器的供气部分。气路系统中，用压力表、流量计来控制和测量气体流量，乙炔由钢瓶供给，乙炔钢瓶应远离明火，通风良好。

（3）光学系统　外光路系统使空心阴极灯发出的共振线正确通过燃烧器上方的被测试样的原子蒸气，再射到单色器狭缝上。分光系统由光栅、反射镜和狭缝组成。分光系统的作用是将待测元素的共振线与邻近的谱线分开。通常是根据谱线结构和欲测的共振线附近是否有干扰线来决定单色器的狭缝宽度。例如，若待测元素光谱比较复杂（如铁族元素、稀土元素等）或有连续背景的，则狭缝宜小，若待测元素的谱线简单，共振线附近没有干扰线（如碱金属和碱土金属），则狭缝可较大，以提高信噪比，降低检测限。

（4）检测系统　检测系统由检测器、放大器、对数转换器、显示和打印装置组成，光电倍增管将光信号转换为电信号，放大，对数转换，使指示仪表上显示出与试样浓度呈线性关系的数值，再由记录器记录或用微机处理数据，并打印或在屏幕上显示。光电倍增管是由光阴极和若干个二次发射极（又称打拿极）组成。在光照射下，阴极发射出光电子，被电场加速并向第一个打拿极运动。每个光电子平均使打拿极表面发射几个电子，这就是二次发射。

二次发射电子又被加速向第二个打拿极运动。此过程多次重复，最后电子被阳极收集。从光阴极上产生的每一个电子，最后，可使阳极上收集到 $10^6 \sim 10^7$ 个电子，打拿极越多，放大倍数越大。

（5）仪器测量操作

① 开启稳压电源开关，安装待测元素空心阴极灯。

② 打开主机电源开关，然后打开待测元素空心阴极灯电源开关，用灯电源粗、细调旋钮调节所需的灯电流。

③ 按下透射比选择开关（T%），调节狭缝宽度。转动波长手动开关，调至元素分析线波长附近，用手动波长调节，采用能量峰值法，找到待测元素示值波长的准确位置。采用能量峰值法，调节空心阴极灯处于最佳位置，即调整外光路。

检查并调节燃烧器高度。开空气压缩机，调节出口压力。

④ 打开乙炔气钢瓶开关，调节出口压力为 0.08MPa 左右。开启乙炔气阀门，点火。

⑤ 按下吸光度测量开关。喷入空白溶液，调节光电倍增管负高压（灵敏度调节），将吸光度调至零。依次喷入标准系列溶液和试样溶液，测其吸光度值，记录测定数据，并做好结果处理。

⑥ 测定结束后，用去离子水喷雾清洗 2~3min，空烧 2~3min。

⑦ 关机时，首先关乙炔气钢瓶压力调节阀，待管路内乙炔燃尽后，再关空气压缩机。然后，关闭空心阴极电源开关。将仪器各个旋钮复位，关光电倍增管负高压电源，最后关闭仪器总电源开关。将各种容器清洗干净，摆放在初始位置备用。填写仪器使用记录。

2. 测定工作条件

火焰：空气-乙炔。

针对不同元素，选择适宜的波长、灯电流、缝宽等，通常选择仪器默认的推荐值。

3. 实验操作

（1）燃气和助燃气比例的选择　吸取 Mg 标准溶液（$10\mu g \cdot mL^{-1}$）2.0mL 于 50mL 容量瓶中，加金属锶溶液 2.0mL，用水稀释至刻度，摇匀。调好空气压力（0.2MPa）和流量，用去离子水调零，然后固定乙炔压力（0.05MPa），改变乙炔流量，进行吸光度测定，记录各种压力、流量下的吸光度。在每次改变乙炔流量后，都要用去离子水调节吸光度为零（下面实验均相同），选择出稳定性好而吸光度又较大的乙炔-空气的压力和流量。

（2）燃烧器高度的选择　使用最佳乙炔-空气压力和流量，改变燃烧器的高度，测定镁的吸光度，选择出稳定性好而吸光度又较大的燃烧器高度。

（3）干扰抑制剂锶溶液加入量的选择　吸取自来水 5.0mL 6 份；分别加到 6 只 50mL 容量瓶中，加入 2mL（1+1）HCl，分别加入锶溶液 0mL、1mL、2mL、3mL、4mL、5mL，用去离子水稀释至刻度，摇匀，在上面选择最佳的操作条件下，依次测定各瓶吸光度，由测得的稳定性好且吸光度较大的条件中选择出抑制干扰最佳的锶溶液加入量。

（4）标准曲线的绘制　6 只 50mL 容量瓶中，分别加入 $0.0\mu g$、$10\mu g$、$20\mu g$、$30\mu g$、$40\mu g$、$50\mu g$ 镁标准溶液，每瓶中加入最佳量的金属锶溶液，用最佳的操作条件，依次测定各瓶溶液的吸光度，并绘出标准曲线。

（5）可乐样品的测定　准确吸取 5.00mL 可乐样品两份，分别置于 50mL 容量瓶中，加入最佳量的金属锶溶液定容至刻度，用选定的操作条件测出吸光度，从标准曲线上查出水样中镁的含量 m（μg），并算出水样中镁的浓度 c。

（6）回收率的测定　准确吸取已测得镁量的自来水样 5.00mL 两份，置于 50mL 容量瓶中，加入已知量的镁标准溶液（总的镁量应能在标准曲线上查出），再加最佳量的锶溶液，稀释至刻度，按以上操作条件，测出其吸光度，并查出镁量。

$$回收率 = \frac{测得总镁量 - 水样中镁量}{加入镁量} \times 100\%$$

（7）同法测定钙、铁、锌元素的含量。

五、数据处理

1. 绘制吸光度-燃气流量曲线，找出最佳燃助比。
2. 绘制吸光度-燃烧器高度曲线，找出最佳燃烧器高度。
3. 绘制吸光度-锶溶液加入量曲线，找出最佳锶溶液加入量。
4. 求出自来水中镁的浓度。
5. 求出自来水中钙、铁、锌的浓度。

六、思考题

1. 如何选择最佳实验条件，实验时，若条件发生变化，对结果有无影响？
2. 在原子吸收分光光度计中，为什么单色器位于火焰之后，而紫外分光光度计中单色器位于试样之前？
3. 原子吸收光谱分析法与可见分光光度法有何不同？有哪些相同的地方？
4. 什么叫回收率？一个精确的分析方案，其几次测定的回收率的平均值应是什么数值？
5. 如分析方案测得结果偏高或偏低，则其回收率应是怎样的？是否可以利用回收率来校正测定结果？如何进行校正？

【注意事项】
1. 实验时，要打开通风设备，使金属蒸气及时排出室外。
2. 点火时，先开空气，后开乙炔；熄火时，先关乙炔，后关空气。室内若有乙炔气味，应立即关闭乙炔气源，开窗通风，排除问题后，再继续实验。更换空心阴极灯时，要将灯电流开关关掉，以防触电和造成灯电源短路。
3. 排液管应水封，防止回火。
4. 钢瓶附近严禁烟火。

实验 20　电感耦合等离子发射光谱法测定水中痕量元素

一、实验目的

1. 了解和掌握电感耦合等离子体发射光谱（ICP-AES）法测定的实验技术。
2. 明确 ICP-AES 法测定元素的检出限（DL）。
3. 了解 ICP-AES 的应用。

二、实验原理

元素分析是化学分析的一个重要组成部分，传统的元素分析方法包括分光光度法、原子吸收法（火焰与石墨炉）、原子荧光光谱法、ICP 发射光谱法等。

水样品经适当的处理后，或直接或经分离富集即可用 ICP-AES 法测定其中的金属元素，方法简便、快速、准确、选择性好。

ICP 光谱仪是一种以电感耦合高频等离子体为光源的原子发射光谱装置。由高频等离子体发生器、等离子体炬管、进样系统、光谱分光系统、检测器和数据处理系统组成，结构原理见图 1。

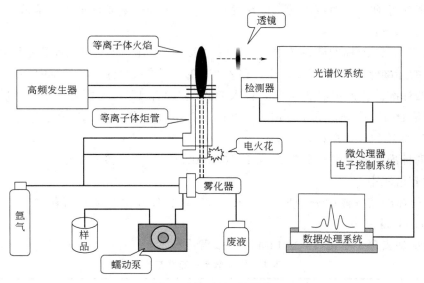

图 1　ICP-AES 原理图

高频等离子体发生器向耦合线圈提供高频能量，等离子体炬管置于耦合线圈中心，内通冷却气、辅助气和载气，在炬管中产生高频电磁场。用微电火花引燃，让部分氩气电离，产生电子和离子。电子在高频电磁场中获得高能量，通过碰撞把能量转移给氩原子，使之进一步电离，产生更多的电子和离子。当该过程像雪崩一样进行时，导电气体受高频电磁场作用，形成一个与耦合线圈同心的涡流区。强大的电流产生的高热把气体加热，从而形成火炬形状的可以自持的等离子体。

试样由蠕动泵定量提取，经载气带入雾化系统进行雾化，以气溶胶形式进入等离子体炬管的中心通道，在高温和惰性氩气气氛中，气溶胶微粒被充分蒸发、原子化、激发和电离。被激发的原子和离子发射出很强的原子谱线和离子谱线。

光谱分光系统将各被测元素发射的特征谱线分光，经光电检测器由数据处理系统对实验数据进行处理并打印输出。

本实验用不同品种的茶叶样品做水泡溶出分析，采用直接水煮溶出方法，对不同品种茶叶中钙、镁、锰、锌、铁、铝元素进行 ICP-AES 法的定量分析测定。

三、仪器和试剂

仪器：Optima 7000DV 型直读式等离子体发射光谱仪（美国 PE 公司）；其他辅助设备。

试剂：所有试剂均用重蒸馏水或亚沸蒸馏水配制。

标准储备液：分别用光谱纯金属或金属氧化物，金属的盐类经适当溶解配制成浓度一定的储备液。

四、实验步骤

1. 标准系列溶液的配制

用浓度均为 1000mg·L^{-1} 各元素标准储备液配制标准系列溶液。标准系列溶液的浓度见表1，由于标准系列配制时溶液的浓度跨度较大，为了准确配制标准系列溶液，必须用二次稀释法，方法如下：

分别从 Fe、Zn 的标准储备液中取 0.1mL，移入 25mL "混合-1" 标签容量瓶中；

从 Mn 的标准储备液中取 1.0mL，移入 25mL "混合-1" 标签容量瓶中；

从 Al 的标准储备液中取 2.0mL，移入 25mL "混合-1" 标签容量瓶中，然后定容。

再从 "混合-1" 中分别取 1.0mL、3.0mL、5.0mL，移入 50mL 分别标有 "1号"，"2号"，"3号" 标签的容量瓶中。

从 Ca 的标准储备液中分别取 0.1mL、0.3mL、0.5mL，移入标有 "1号"，"2号"，"3号" 标签的容量瓶中。

从 Mg 的标准储备液中分别取 0.1mL、0.5mL、1.0mL，移入标有 "1号"，"2号"，"3号" 标签的容量瓶中。

然后全部加去离子水定容，空白标液即去离子水。

表1　各被测元素标准系列

元素	波长/nm	空白标样 /mg·L^{-1}	1号标样 /mg·L^{-1}	2号标样 /mg·L^{-1}	3号标样 /mg·L^{-1}
Ca	317.93	0	2.0	6.0	10
Mg	285.21	0	2.0	10	20
Mn	257.61	0	0.8	2.4	4.0
Zn	206.20	0	0.08	0.24	0.4
Fe	238.20	0	0.08	0.24	0.4
Al	396.15	0	1.6	4.8	8.0

2. 试样处理

在台秤上称取 1.0g 茶叶放入 100mL 烧杯中，加 50mL 去离子水。把此烧杯放在电炉上加热至水煮沸，再将电炉的温度调到略小些，保持烧杯中的水微沸，保持 2min，目的是使茶叶中的金属离子尽可能多地溶解到水溶液中。置好布氏漏斗和抽滤装置，将煮好的茶叶水过滤，滤液移到 50mL 容量瓶中定容。

3. 仪器的操作和试样测试

（1）开机　接通发射光谱仪电源，开循环冷却水装置电源，开排风，拧开氩气阀门（压力为 0.8MPa），接通空气压缩泵电源。

点击电脑桌面上仪器控制软件图标，控制软件即运行并进入自检程序见图2，自检程序大约 4min 完成。

（2）在控制软件中输入测试信息　首先建立测试方法，点击图3控制软件工具栏中的 "建方法"，"定义元素" 目的就是告诉仪器测试什么元素以及选择谱线波长。点击图4中的 "元素周期表" 即见图5左边元素周期表，在元素周期表中选择测试元素，点击元素周期表

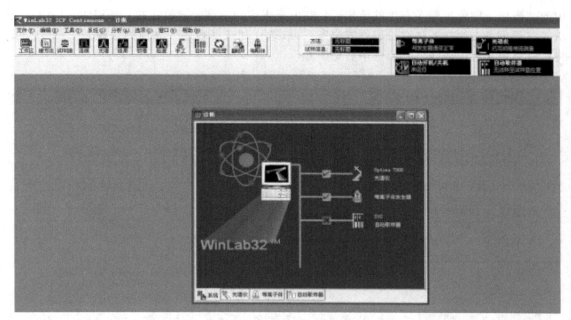

图 2　开机程序自检

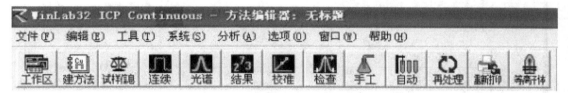

图 3　控制软件工具栏

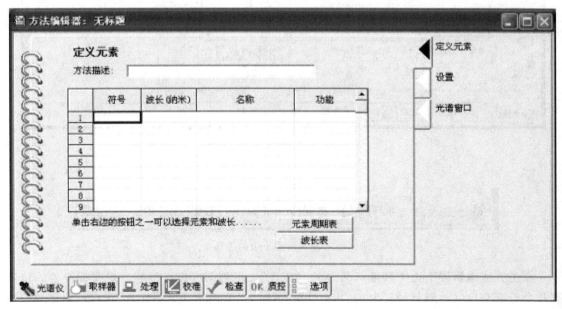

图 4　定义元素

中的"表格"即弹出图 5 右边的波长表，在波长表中列出该元素最强的几条谱线，选中某条谱线波长再点击"把所选波长编入方法"（一般选择"选择顺序"靠前的谱线）。以此类推，将所有待测元素的谱线波长都选中后见图 6。

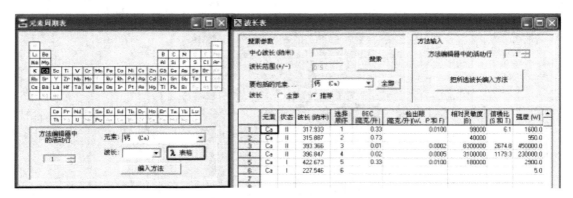

图 5　元素周期表及波长表

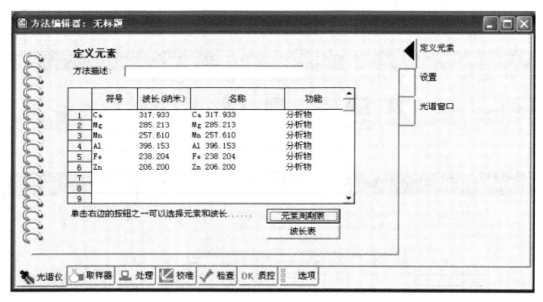

图 6　选中待测元素的谱线波长

图 7　方法编辑器下边的工具条

点击方法编辑器下边工具条（见图 7）"校正"，见到图 8 定义标样，定义标样告诉仪器有几个校准空白（一般只是一个）、几个校准标样（本实验是 3 个标样），在自动取样器位置下输入数字 1 按下键，识别码下对应自动显示"校准标样 1"，以此类推输入 2、3，自动显示出"校准标样 2""校准标样 3"。按方法编辑器右边竖条工具按钮中的"校准单位和浓度"

(见图9),从校准标样1到校准标样3按对应的元素逐个输入浓度值。此时定义元素和定义浓度完成了,按图3控制软件工具栏"文件"→"保存"→"方法",输入文件名(一般以日期为文件名)。

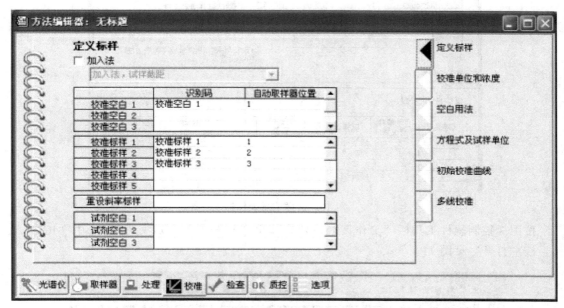

图8 定义标样

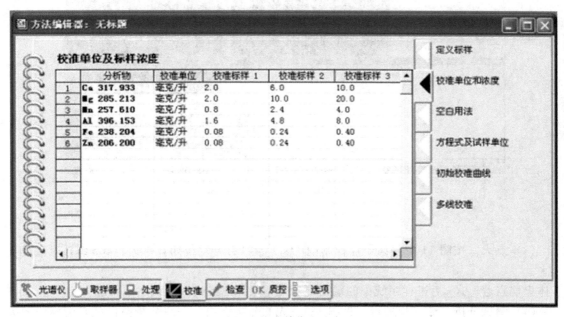

图9 校准单位和浓度

输入试样信息:按图3控制软件工具栏中的"试样信息"按钮(见图10),在试样识别码栏下输入试样代码。按图3控制软件工具栏"文件"→"保存"→"试样信息文件"输入文件名(一般为日期名)。到此,所有要测试的信息都输入完成了。

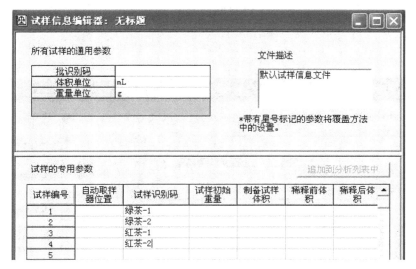

图 10　试样信息编辑器

按图 3 控制软件工具栏"工作区"按钮,弹出"打开工作区域文件",选中"ICP"文件,按"打开"见图 11。

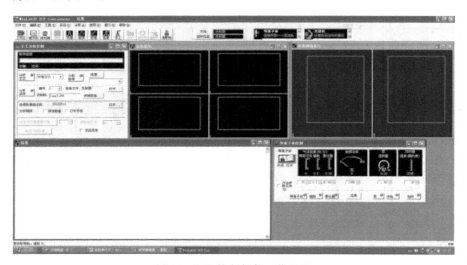

图 11　ICP 控制软件工作区域

(3) 点火　按图 11 中等离子体控制中 "打开"按钮,点火！45s 倒计时后等离子体火焰点着。10s 后进样系统中的蠕动泵运行,仪器已经进入测试工作状态。

(4) 测试分析　分三步进行(见图 12)。先测分析空白,一般分析空白就是配标样的去离子水溶液,将进样毛细管插入空白溶液中,点击"分析空白"按钮,当取样进度条走完时表示测试结束。接着测试校准标样,将毛细管插入标样 1 中,点击"分析标样"按钮,方法同前,直到标样 3 测试结束。在标样的测试过程中光谱显示窗口中显示各元素的光谱强度峰,同时在校准曲线窗口中显示各元素的标准工作曲线。最后测试试样,点击"分析试样",

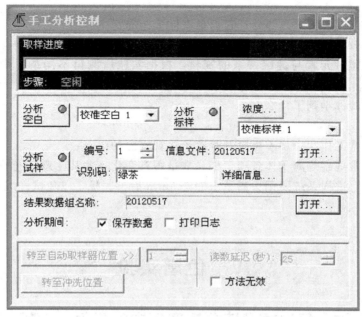

图 12 手工分析控制

方法同前,直到最后试样测试结束,在试样测试过程结果窗口中自动显示试样的测试值。

五、数据处理

1. 记录仪器型号。
2. 记录仪器工作参数,填入表 2 中。

表 2 仪器工作参数

等离子体流量	辅助气流量	雾化器流量	射频功率	进样量
$L \cdot min^{-1}$	$L \cdot min^{-1}$	$L \cdot min^{-1}$	W	$mL \cdot min^{-1}$

3. 实验报告要求

将各元素所测得平均强度值用自己的软件分别作出工作曲线,利用各元素工作曲线计算出茶叶样品中各元素的浓度,并计算出每克茶叶中各元素的含量($mg \cdot g^{-1}$),实验数据填入表 3 中。

表 3 各种茶叶水中微量金属元素的测量值及仪器精密度

元素	Ca	Mg	Mn	Al	Fe	Zn
分析线波长/nm						
茶叶样 1/$mg \cdot L^{-1}$						
RSD/%						
茶叶样 1 元素含量/$mg \cdot g^{-1}$						
茶叶样 2/$mg \cdot L^{-1}$						
RSD/%						
茶叶样 2 元素含量/$mg \cdot g^{-1}$						

六、思考题

1. ICP-AES 分析技术的优点和缺点有哪些?请将该种分析方法与其他元素分析手段进

行比较。

2. ICP-AES 仪器包括哪几部分？它们是怎样工作的？

3. 选择元素分析线的基本原则是什么？

4. 查阅有关微量元素与健康关系的资料，根据实验所测得不同茶叶中各元素的含量，判断茶叶的质量。

5. 通过本实验你学到了什么？

【注意事项】

1. 仪器在正常工作状态切不可打开等离子体观察窗的门。

2. 实验中经常观察等离子体各项工作参数是否有变化。尤其注意氩气的剩余量。

3. 测试完毕，进样系统要用去离子水冲洗 5min 后再关机，以免试样沉积在雾化器口及石英炬管口。

Ⅳ 色谱实验

实验 21 气相色谱法分析空气中的氧气、氮气含量

一、实验目的

1. 掌握归一化法定量的原理与方法。
2. 掌握 TCD 检测器的工作原理。
3. 了解填充柱气相色谱仪的操作技术。

二、实验原理

色谱法是根据试样组分在固定相和流动相间的溶解、吸附、分配、离子交换等方面的差异为依据进行混合物分离分析的一种方法。气相色谱法（GC）分析的对象是气体和可挥发性物质，对于永久性气体（H_2、O_2、N_2、CO_2、CO 及水蒸气等）的分析常采用气-固色谱法，其原理是利用固体吸附剂对样品中各组分吸附-解吸能力不同而使组分分离（见图1）。

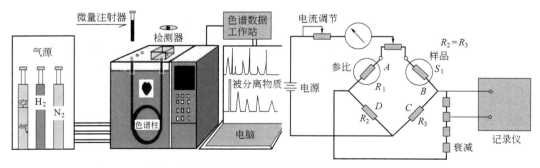

图 1 气相色谱仪及热导池检测器的结构和原理

热导池检测器（TCD）是目前应用最广的通用型检测器，几乎对所有物质都有响应，其原理基于被测组分和载气具有不同的热导率设计的。当被测组分与载气的热导率不同时，

它们的差异可以通过由 4 个等值电阻组成的电桥来实现测量，只有载气通过时，电桥处于平衡状态，当载气带着被测组分通过热敏电阻时，电桥平衡被破坏，输出被测信号。载气与样品的热导率相差越大，测定灵敏度越高。由于 H_2、He 比一般气体热导率大了很多，使用 TCD 检测器时，用作载气灵敏度较高。气相色谱定量分析有归一化法、内标法和外标法。归一化法是常用的色谱定量方法之一，该方法要求试样中的各个组分都能得到完全分离，且所有组分都能流出色谱柱并显示色谱峰。i 物质的质量分数 w_i 的计算公式为：

$$w_i = \frac{A_i f_i}{A_1 f_1 + A_2 f_2 + \cdots + A_n f_n} \times 100\%$$

式中，A 为峰面积；f 为各组分的相对校正因子。

若被测试样中各组分的相对校正因子相同或相近（如同系物），则 $f_i=1$，此时该方法称为直接归一化法，否则称为修正归一化法。

三、仪器和试剂

仪器：

（1）GC-9800 气相色谱仪，CDMC-21 色谱数据工作站。

（2）色谱柱：长 2m，内径 2mm，不锈钢螺旋柱；固定相为 TDX-01（60～80 目）。

（3）氢气钢瓶（或氢气发生器）。

（4）微量进样器（100μL）。

试剂：氧气；氮气；空气。

四、实验条件

1. 柱箱温度，40℃；检测器温度，40℃；汽化室温度，70℃。
2. 载气，H_2；流量，20mL·min^{-1}。
3. 桥电流：100mA。
4. 进样量：40～60μL。

五、实验步骤

1. 打开氢气钢瓶，调节压力约为 0.08MPa，调节流速为 20mL·min^{-1}。
2. 打开色谱仪电源开关，设定柱箱 40℃，检测器温度 40℃，汽化室温度 70℃。
3. 打开 TCD 电源，调节桥电流至 100mA。
4. 打开计算机及数据采集器，设定实验参数。
5. 调整仪器基线，待基线稳定后，用进样器分别注入 40～60μL 标样及混合气样品，进样后迅速按下计算机"开始"按钮，实验结束后，保存图谱。
6. 谱图处理：根据样品与标准样品的保留时间进行定性分析，根据峰面积用归一化法进行定量分析。
7. 实验结束，先关闭 TCD 桥流开关，随后关闭其他电源开关，待柱温降至室温，关闭载气钢瓶。

六、思考题

1. 说明归一化定量分析方法的特点及使用条件。

2. 使用归一化法定量时为什么要使用校正因子？
3. 使用 TCD 时为什么要"开机时先通气后通电，关机时先断电后断气"？

【注意事项】
1. 一定要先通载气，后打开热导池桥电流的电源开关，以免烧坏 TCD 电阻丝！
2. 要时刻观察压力表，若压力下降（进样垫圈损坏，需更换）要立即关闭 TCD 开关，以免烧坏 TCD 电阻丝。
3. 仪器稳定后（40~60min）进样分析。

实验 22　气相色谱法测定苯、甲苯和乙醇的含量

一、实验目的

1. 掌握柱效、分离度与色谱柱性能的关系。
2. 掌握气相色谱保留时间定性与归一化法定量的分析方法。
3. 了解气相色谱仪的构造和分析原理。

二、实验原理

气相色谱法是色谱法（也称层析法）的一种，是以气体作为流动相的色谱分析方法，是一种对样品进行分离、检测的定性、定量分析手段。气相色谱被广泛应用于小分子量物质的定量分析。由于进样物质需要汽化，沸点太高或热稳定性差的物质都难于用气相色谱法进行分析。在全部色谱分析的对象中，约 20% 的物质可用气相色谱法分析。

气相色谱条件对样品分离有很大的影响，其主要包括分析时所用的色谱柱类型、柱温、载气种类和流速、检测器的类型和温度、进样方式和汽化室温度。色谱分离条件的选择是一个复杂的问题。在实际工作中，常常是先选择合适的检测器，再确定色谱柱，然后优化载气流速和柱温等条件，最终获得满意的分离效果且高效率的分析方法。

色谱分离相关的主要参数如下：

（1）有效塔板数 N　是评价色谱柱效的指标，N 越大，平衡次数越多，组分与固定相的相互作用力越显著，柱效越高。其计算公式如下：

$$N = 5.54 \times \left(\frac{t'_R}{W_{1/2}}\right)^2 = 16 \times \left(\frac{t'_R}{W}\right)^2 \tag{1}$$

式中　t'_R——组分的调整保留时间；

$W_{1/2}$——色谱峰的半峰宽度；

W——色谱峰的峰底宽度。

（2）选择性因子　是评价色谱柱选择性的指标，计算公式如下：

$$\gamma_{2,1} = \frac{t'_{R(2)}}{t'_{R(1)}} = \frac{V'_{R(2)}}{V'_{R(1)}} \tag{2}$$

式中　V'_R——组分的调整保留体积。

要使两组分得到分离，必须使 $\gamma_{2,1} \neq 1$。$\gamma_{2,1}$ 与化合物在固定相和流动相中的分配性质、柱温有关，与柱尺寸、流速、填充情况无关。从本质上来说，$\gamma_{2,1}$ 的大小表示两组分在两相间的平衡分配热力学性质的差异，即分子间相互作用力的差异，$\gamma_{2,1}$ 越大，柱选择性越好，分离效果越好。

（3）分离度 R　是评价色谱柱总分离效能的指标，两个相邻色谱峰的分离度可以如下计算：

$$R = \frac{t_{R(2)} - t_{R(1)}}{1/2(W_1 + W_2)} \tag{3}$$

当 $R=0.8$，两组分的峰高为 1∶1 时，两组分被分离的纯净程度为 95%。若从两峰的中间（峰谷）切割，则一个峰包含另一个组分的 5%。

当 $R=1$，两组分被分离的纯净程度为 98%。若从两峰的中间（峰谷）切割，则一个峰包含另一个组分的 2%。

当 $R=1.5$ 时，分离纯净程度可达 99.7%。

（4）定性分析　在气相色谱条件不变的情况下，每一种可汽化的物质都有各自确定的保留时间，故可用保留时间进行定性分析。对于多组分混合物，若色谱峰均能分开，则可以将各峰的保留时间，与各相应的标准样品在相同条件下所测定的保留时间进行对照，这是气相色谱最常用的定性分析方法。

（5）定量分析　定量分析是建立在检测信号 A_i（峰面积）的大小与进入检测器的被测组分的量 m_i（浓度或质量等）成正比的基础上的。即

$$m_i = f_i A_i \tag{4}$$

式中，校正因子 f_i 表示单位峰面积所代表的某种物质的质量，它与物质的性质有关。

称取一定量的待测物质 m_i 与纯标准物质 m_s，混合均匀后取适量进样。从色谱仪得到的峰面积分别为 A_i 和 A_s，这样 i 物质相对于 s 物质的相对校正因子可按下式求得

$$f_{i/s} = \frac{m_i A_s}{m_s A_i} \tag{5}$$

标准物质 $f_s = 1$。

当待测样品中所有组分都能流出色谱柱并在检测器上产生信号，则可采用归一化法定量，i 组分的含量（X）可从下式求得：

$$X_i = \frac{f_{i/s} A_i}{\sum f_{i/s} A_i} \times 100\% \tag{6}$$

三、仪器和试剂

仪器：气相色谱仪；填充柱或毛细管柱；OV-101 固定相；热导池检测器；10μL 微量

进样器。

试剂：苯（分析纯）；甲苯（分析纯）；无水乙醇（分析纯）；苯、甲苯、无水乙醇三组分混合标准溶液（质量比为 1∶1∶1）；苯、甲苯、无水乙醇三组分混合溶液（各组分含量未知）。

四、实验步骤

1. 按操作说明书使仪器正常运转，柱温预设为 55℃，检测室温度 180℃，汽化室温度 180℃，载气氢气流量为 40mL·min^{-1}（填充柱）。仪器稳定后，用微量进样器分别迅速注入混合标准溶液，得到色谱图，并且通过改变柱温和进样量，评价其对分离性能的影响，并进行优化。

2. 仪器按优化后的条件设置并稳定后，用微量进样器分别迅速注入适量（本实验 0.2～1.0μL）的苯、甲苯、无水乙醇，工作站上得到色谱图，记录各峰的保留时间。

3. 在完全相同的条件下，用微量进样器分别迅速注入适量的混合标准溶液与未知含量的溶液。记录各峰的峰面积和保留时间，并记录一组峰宽数据。重复操作 2～3 次。

五、数据及处理

1. 根据公式，以苯的实验数据计算理论塔板数 N。
2. 比较各种纯试剂在混合溶液中的保留值，确定各是什么物质的吸收峰。
3. 计算甲苯和乙醇以苯为标准的相对校正因子。
4. 使用面积归一化法计算未知物中苯、甲苯与乙醇的含量。
5. 根据公式计算分离度。

六、思考题

1. 色谱仪的开启原则和次序是什么？不然会产生什么后果？关机的次序又是什么？
2. 配制混合标准溶液为什么要准确称量？测量校正因子时是否要严格控制进样量？
3. 影响分离度的因素有哪些？提高分离度的途径有哪些？
4. 试述热导池检测器的原理和应用。

七、仪器介绍

仪器型号：GC112A、GC122。

生产厂商：上海仪电分析仪器有限公司。

应用领域：GC112A、GC122 是配备热导池检测器，可以连接填充柱和毛细管色谱柱的气相色谱仪。热导池检测器简称 TCD，是气相色谱中应用最广泛的通用浓度型检测器，它结构简单、稳定、线性范围宽、不破坏样品、易于和其他检测器联用。在分析测试中，热导池检测器不仅用于分析有机物，而且用于分析一些用其他检测器无法检测的无机气体，如氢气、氧气、氮气、一氧化碳、二氧化碳等。

仪器简介：其基本构造见图 1，外部结构见图 2。

【注意事项】

1. 进样速度要快，保证瞬间全部汽化，才能得出准确的数值。
2. 严格控制色谱条件（包括柱温、载气流速、进样口温度、检测器温度等），才能保证

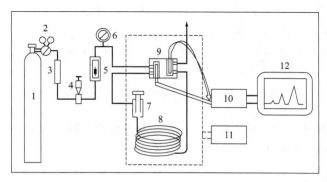

图1　GC112A气相色谱的基本构造

1—载气钢瓶；2—减压阀；3—净化干燥管；4—针形阀；5—流量计；6—压力表；
7—进样器；8—色谱柱；9—检测器；10—放大器；11—温度控制器；12—色谱工作站

图2　GC112A气相色谱的外部结构

保留时间重现。

实验23　气相色谱法测定食用酒中乙醇含量

一、实验目的

1. 学习和掌握使用氢火焰离子化检测器的基本操作。
2. 掌握以内标法进行色谱定量分析的方法及特点。

二、实验原理

气相色谱仪在检测过程中使用内标法定量分析样品时，内标物的选择和加入一般应满足以下条件：

① 在给定的色谱条件下具有很好的化学稳定性；
② 内标物的分子结构、性质与待测组分的相似或相近，且在待测组分附近出峰；
③ 试样中不存在内标物，且内标物应与试样中各组分完全分离；
④ 内标物应是纯物质或含量准确已知；
⑤ 内标物与试样互溶，且不发生化学反应；

⑥ 内标物浓度恰当，使其峰面积与待测组分相差不太大。

加入方法：准确称取样品，将一定量的内标物加入其中，混合均匀后进行分析。根据样品、内标物的质量及在色谱图上产生的相应峰面积，计算组分含量。计算公式为

$$w_i = \frac{f_{i/s} A_i m_s}{m_{样} A_s} \times 100\% \tag{1}$$

式中，w_i 为试样中组分 i 的质量分数；m_s 为内标物 s 的质量；A_s 为内标物 s 的峰面积；A_i 为组分 i 的峰面积；$f_{i/s}$ 为相对校正因子。

三、仪器和试剂

仪器：气相色谱仪；氢火焰离子化检测器（FID）；色谱柱；微量注射器；容量瓶（10mL）；色谱工作站；吸量管（2mL、5mL）。

试剂：无水乙醇（分析纯）；无水正丙醇（分析纯）；丙酮（分析纯）；食用酒。

四、实验步骤

1. 色谱操作条件

柱温，90℃；汽化室温度，150℃；检测器温度，130℃；N_2（载气）流速，40mL·min^{-1}；H_2 流速，35mL·min^{-1}；空气流速，400mL·min^{-1}（不同仪器需要优化仪器条件）。

2. 标准溶液的测定

用吸量管准确吸取 0.50mL 无水乙醇和 0.50mL 无水正丙醇于 10mL 容量瓶中，用丙酮定容至刻度，摇匀。用微量注射器吸取 0.5μL 标准溶液，注入色谱仪内，记录各色谱峰的保留时间 t_R 和色谱峰面积，求出以无水正丙醇为标准物的相对校正因子。

3. 样品溶液的测定

用吸管吸取 1.00mL 的食用酒样品和 0.50mL 的内标物（正丙醇）于 10mL 容量瓶中，用丙酮定容至刻度，摇匀。用微量注射器吸取 0.5μL 样品溶液，注入色谱仪内，记录各色谱峰的保留时间 t_R，对照比较标准溶液与样品溶液的 t_R，以确定样品中的乙醇和正丙醇，记录乙醇和正丙醇色谱峰面积，求出样品中乙醇的含量。

五、数据处理

按公式计算相对校正因子，按内标法计算公式计算样品溶液中乙醇的含量，最后根据稀释的倍数得出食用酒中乙醇的含量。

六、思考题

1. 在同一操作条件下为什么可用保留时间来鉴定未知物？
2. 用内标法计算为什么要用校正因子？物理意义是什么？
3. 内标法定量有何优点？它对内标物质有何要求？

七、仪器介绍

仪器型号：Agilent 6890N（配备氢火焰离子化检测器）。

生产厂商：安捷伦科技有限公司。

应用领域：FID 对能在火焰中燃烧电离的有机化合物都有响应，可以直接进行定量分析，是目前应用最为广泛的气相色谱检测器之一。FID 的主要缺点是不能检测永久性气体、水、一氧化碳、二氧化碳、氮的氧化物、硫化氢等物质。

仪器简介：具有代表性的 FID 结构如图 1 所示，外部结构见图 2。

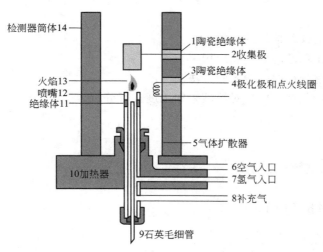

图 1　氢火焰离子化检测器结构示意图

氢火焰离子化检测器结构简单，主要由离子室、离子头及气体供应三部分组成。在喷嘴上加一极化电压，氢气从管道 7 进入喷嘴，与载气混合后由喷嘴逸出进行燃烧，助燃空气由管道 6 进入，通过气体扩散器 5 均匀分布在火焰周围进行助燃，补充气从喷嘴管道底部 8 通入，组分中的含碳有机物在高温火焰中被离子化，产生数目相等的正离子和负离子，化学电离产生的正离子和电子在外加恒定直流电场的作用下分别向两极定向运动而产生微电流（$10^{-6} \sim 10^{-14}$ A），经放大器放大后，输出到记录仪，得到峰面积与组分质量成正比的色谱流出曲线。

图 2　Agilent 6890N 气相色谱仪的外部结构

【注意事项】

1. 乙醇、正丙醇属易挥发物质，在移取过程要求快速、准确。
2. 检测器的使用：为避免被测物冷凝在检测器上而污染检测器，检测器的温度一般高于柱温 30℃，不得低于 10℃。FID 点火时应关小空气流量和开大 H_2 流量，待点燃后，慢慢调整到工作比例，一般空气与 H_2 的流量比为 10∶1，载气（N_2 与 H_2）的流量比为

(1∶1)～(1∶1.5)。用峰高定量时，需保持载气流量恒定。

实验 24 气相色谱定性定量分析乙酸乙酯中乙醇含量

一、实验目的

1. 了解气相色谱仪各部件的功能。
2. 加深理解气相色谱的原理和应用。
3. 掌握气相色谱分析的一般实验方法。
4. 学会使用气相色谱内标法对溶液未知浓度进行分析。

二、实验原理

被测组分绝对校正因子：$f_i = \dfrac{m_i}{A_i}$

内标物质的绝对校正因子：$f_s = \dfrac{m_s}{A_s}$

相对校正因子：$f'_i = \dfrac{f_i}{f_s} = \dfrac{m_i/A_i}{m_s/A_s}$

1. 归一化法

所有组分能全部流出色谱柱，在检测器上都能产生相应的信号

$$w_i = \dfrac{m_i}{m_1 + m_2 + \cdots + m_n} \times 100\% = \dfrac{f'_i A_i}{\sum\limits_{i=1}^{n}(f'_i A_i)} \times 100\%$$

2. 内标法

内标物的基本条件：样品中不含有内标物质；峰的位置在各待测组分之间与之相近；稳定易得纯品；与样品能互溶但无化学反应；内标物浓度恰当，使其峰面积与待测组分相差不太大。

在未知样中 $\dfrac{m_i^r}{m_s^r} = \dfrac{f_i A_i^r}{f_s A_s^r} = f' \dfrac{A_i^r}{A_s^r}$

故：$m_i^r = m_s^r f' \dfrac{A_i^r}{A_s^r}$

得：$w_i = \dfrac{m_i^r}{m_{试样}} \times 100\%$

式中，被测组分的质量为 m_i；在质量为 $m_{试样}$ 的试样中加入内标物质的质量为 m_s；被测组分及内标物质的色谱峰面积为 A_i、A_s。

三、仪器和试剂

仪器：GC-2014 型气相色谱仪（带 FID 检测器，日本岛津公司，见图 1）。

试剂：乙酸乙酯；乙醇；庚烷（内标）。

四、实验步骤

1. 标准溶液的配制

图 1　GC-2014 型气相色谱仪

用移液管量取一定量的乙酸乙酯、乙醇,加正庚烷至 10mL 容量瓶刻度线处。

2. 色谱条件

色谱柱:FTD-2010 毛细管专用色谱柱。

柱温,80~150℃;进样,100~250℃;FID,100~250℃。

载气 N_2 柱前压,100kPa;H_2,50mL·min^{-1};空气,75mL·min^{-1}。

尾吹气:75kPa。

进样量:3μL。

3. 气相色谱开机步骤

① 打开气源,载气(N_2/He),0.7MPa;H_2,0.2~0.3MPa;空气,0.3~0.4MPa。

② 打开气相色谱仪及计算机的电源。

③ 在计算机桌面上打开 Real Time Analysis 快捷键,进入实时分析窗口。

④ 打开 System Configuration 进行自动进样器、进样口(注意,SPL 或者 DualINJ)、色谱柱、检测器的配制,在此窗口需设置载气、尾吹气种类;柱参数(柱长、内径、膜厚——如果是填充柱,应填写 0,最高使用温度,建议填写柱的序列号)输入及色谱柱的选择;样品瓶(4mL、1.5mL)、进样针(5μL)大小的选择,设定完毕,回到 SystemConfiguration 窗口,点击 SET 键确认。

⑤ 仪器参数的设定:先设柱温(可做程序升温),再设进样口温度、柱流量及分流比、检测器温度。对于 H_2、空气、尾吹气/补充气(Makeup),点火前调节 H_2、N_2 流量、Makeup 流量,通常 H_2:50kPa,50mL·min^{-1}、N_2:40kPa,75mL·min^{-1}。

⑥ 用鼠标点 File 菜单找到 Save Method File As 输入想保存的文件名(如果硬件配置相同的话,可以直接调用此方法)。

⑦ 如沿用上次关机前的配置,直接在③步的窗口下用鼠标点 File 菜单,找到 Open Method File,打开需要的方法文件名。

⑧ 点击 Download Parameters,再点击 System On。

⑨ 等 FID 检测器温度升到 160℃以上时,点火,点击 Flame On,或者可在软件上设定自动点火。

⑩ 等仪器稳定后,进行 Slope Test,出现对话框点 OK 即可。

⑪ 没有配备自动进样器可直接点击 Single Run⇨Sample Login,出现样品注册对话框,样品名、数据文件名、样品质量等输完后,点确定键。再点一下 Start 键,等数据采集窗口

上面出现 Ready（Standby）之后，即可进样，再按 GC Start 键进行数据采集。

⑫ 配备自动进样器可直接点击 Batch Processing 进行批处理编写，批处理必须要输入样品瓶号、样品名称、样品类型、方法文件、数据文件，保存批处理文件。点 Start 键即可自动运行。

4. 关机步骤

① 点一下 System Off，手动关闭 H_2、空气，等柱温<50℃，检测器温度<100℃以后，退出 Real Time Analysis 窗口，关闭计算机。

② 关闭气源，载气（N_2/He）。

③ 关闭 GC 电源开关。

五、数据处理

1. 溶液配制

样品	乙酸乙酯	乙醇	正庚烷
标准溶液中含量	mL	mL	mL
未知溶液	—	—	5mL

2. 色谱条件调节

柱温	进样	FID	保留时间（乙醇/乙酸乙酯/正庚烷）

3. 确定气相色谱条件

色谱柱温度：　　　　　　进样温度：　　　　FID 温度：

项目	乙酸乙酯	乙醇	正庚烷
保留时间（标准溶液）			
峰面积（标准溶液）			
保留时间（未知溶液）			
峰面积（未知溶液）			
含量（未知溶液）（归一化法）			
含量（未知溶液）（内标法）			

六、思考题

1. 气相色谱归一化法和内标法对比有哪些不同点？
2. 气相色谱条件如何确定？
3. 本次实验中标准溶液和未知溶液保留时间相差多少？保留时间不同主要的影响因素是什么？怎样避免？

【注意事项】

1. H_2 易燃易爆，注意通风，一定要经常检漏，不用时要立即关上，并将残余气体放尽。FID 在点火时，可以先通稍大于工作流量的氢气，有利于点火，火焰点燃后再调至工作流量。

2. 一定要通电后点火，先断氢气后断电。
3. 钢瓶及减压阀要经常检漏。
4. 在使用空气压缩机时要定期放水，更换干燥剂。
5. 钢瓶总压＜2.0MPa时，更换新钢瓶。
6. 电压不稳，需配置稳压电源，同时有良好的接地设施。

实验 25　气相色谱（FID）法测定药物中有机溶剂残留量

一、实验目的

1. 掌握内标法、外标法测定杂质含量的方法。
2. 了解气相色谱程序升温的测定方法。
3. 了解顶空气相色谱仪的作用原理。

二、实验原理

地塞米松磷酸钠（dexamethasone sodium phosphate）是一种肾上腺皮质激素类药，具有抗炎、抗过敏、抗风湿、免疫抑制作用，常用于过敏及自身免疫性疾病。该药物制备过程中使用了甲醇、丙酮等有机溶剂，为了保证药品质量和用药安全，《中国药典》（2015 版）规定：地塞米松磷酸钠按内标法以峰面积计算，含甲醇不得超过 0.3%，乙醇不得超过 0.5%，丙酮不得超过 0.5%。

气相色谱定量分析常用的外标法：用待测组分的纯品作对照物质，以对照物质和样品中待测组分的响应信号相比较进行定量的方法。外标法是所有定量分析中最通用的一种方法，可分为工作曲线法和外标单点法等。外标法简便，不需要校正因子，但进样量要求十分准确，操作条件也需严格控制。它适用于控制分析和大量同类样品的分析。

外标单点法计算公式为

$$c_i = \frac{A_i c_s}{A_s}$$

式中，c 为标准物质（s）或待测样品（i）的浓度；A 为标准物质（s）或待测样品（i）的峰面积。

顶空气相色谱法（HS-GC）又称液上气相色谱分析，它采用气体进样，分析速度快，分析过程中无需用有机溶剂进行提取，对分析人员和环境危害小，操作简便，对柱子污染少，谱图简单，干扰峰少，是一种符合"绿色分析化学"要求的分析手段，因此被广泛用于环境检测、生物医学、化工产品、食品和卫生防疫等领域。

顶空气相色谱利用液（固）体中的挥发性组分在密闭恒温系统中达到平衡后，气相和液（固）相中挥发性组分比值恒定的原理，对平衡后液（固）体上部的蒸气进行气相色谱分析。试样置于密闭容器中，恒温下达到汽液平衡后气体分子溢出和返回液相的速率达到动态平衡，此时组分在气相中的浓度相对恒定，其蒸气压可由拉乌尔定律表示

$$p_i = p_i^0 x_i$$

式中，p_i 为组分蒸气压；p_i^0 为纯组分的饱和蒸气压；x_i 为组分在溶液中的摩尔浓度。顶空气相色谱法所得的是试样上方气相组分 X_i 的峰面积 A，其值与该组分蒸气压 p 成正比。当温度和其他实验参数固定时可得 $A \propto X_i$，该公式为定量计算的基础。

三、仪器和试剂

仪器：气相色谱仪（带顶空自动进样器）；弱极性或中等极性气相色谱柱（HP-5）。

试剂：甲醇（分析纯）；丙酮（分析纯）；正丙醇（分析纯）；乙腈（分析纯）；二氯甲烷（分析纯）；三氯甲烷（分析纯）；地塞米松磷酸钠原料药。

四、实验步骤

1. 地塞米松磷酸钠中甲醇和丙酮的检测（内标法）

（1）色谱条件　色谱柱；检测器，FID；柱温：起始温度为 40℃，以 5℃·min^{-1} 的速率升温至 120℃，维持 1min；汽化室温度 150℃；检测器温度 200℃；载气，N$_2$ 流速 1mL·min^{-1}（不同仪器需要优化仪器条件）。

（2）溶液制备与测定　残留溶剂：取样品约 1.0g，精密称定，置 10mL 容量瓶中，加内标溶液［取正丙醇，用水稀释制成 0.02%（体积分数）的溶液］溶解并稀释至刻度，摇匀，精密量取 5mL，置顶空瓶中，密封，作为供试品溶液；另取甲醇约 0.3g、乙醇约 0.5g 与丙酮约 0.5g，精密称定，置 100mL 容量瓶中，用上述内标溶液稀释至刻度，摇匀，精密量取 1mL，置 10mL 容量瓶中，用上述内标溶液稀释至刻度，摇匀，精密量取 5mL，置顶空瓶中，密封，作为对照品溶液。顶空瓶平衡温度为 90℃，平衡时间为 60min，理论板数按正丙醇峰计算不低于 10000，各成分峰间的分离度均应符合要求。分别量取供试品溶液与对照品溶液顶空瓶上层气体 1mL，注入气相色谱仪，记录色谱图。

（3）结果计算　按下式计算定量校正因子（f）和样品中残留溶剂的含量（以丙酮为例）（g·g^{-1}）。

相对定量校正因子：

$$f_{丙酮/丙醇} = \frac{m_{丙酮} A_{丙醇}}{m_{丙醇} A_{丙酮}}$$

样品中丙酮的质量分数：

$$w = \frac{f_{丙酮/丙醇} A_{丙酮} m_{丙醇}}{m_{样} A_{丙醇}} \times 100\%$$

式中，A 为峰面积；w 为质量分数。

2. 顶空气相色谱法测定有机溶剂甲醇、乙腈、二氯甲烷、三氯甲烷（外标法）

（1）色谱条件　色谱柱：HP-5 毛细管柱（5% polyphenylmethylsiloxane，30m×0.25mm）；柱温 45℃；汽化室温度 180℃；检测室（FID）温度 200℃；氢气 30mL·min^{-1}；空气 300mL·min^{-1}；氮气 1mL·min^{-1}；分流比 3∶1；样品溶液 90℃加热 10min；（自动）顶空进样。

（2）溶液制备

① 取甲醇 100μL、乙腈 30μL、二氯甲烷 10μL、三氯甲烷 10μL，分别加入不含有机物的水至 100mL，作为标准溶液。

② 取 1mL 标准溶液，加水至 100.0mL，测定有机溶剂的检测限。

③ 取某药物约 0.3g，精确称量，加 3.0mL 不含有机物的水使之溶解［如果样品在水中不溶，可用适当浓度的二甲基甲酰胺（DMF）水溶液溶解样品］，作为供试品溶液。

（3）分离度与系统适用性试验　取定位溶液在上述色谱条件下测定，记录色谱图和保留时间。取对照溶液重复进样，计算各成分峰的分离度、柱效及色谱峰面积的相对标准差。另取对照溶液的稀释液进样，计算药物中各有机溶剂的检测限。

（4）样品测定　取供试品溶液，在上述色谱条件下进样，记录色谱图，外标法计算含量（见表1）。

五、数据处理

表 1　色谱参数记录

有机溶剂	保留时间/min	峰面积(重复进样)			RSD/%	柱效(n)	分离度(R)	检测限溶液峰面积
		1	2	3				
甲醇								
乙腈								
二氯甲烷								
三氯甲烷								

六、思考题

1. 气相色谱定量分析通常有哪几种方法？各有何优缺点？
2. 顶空气相色谱分析法的原理是什么？应注意哪些事项？
3. 试述柱箱程序升温的优缺点。

七、仪器介绍

仪器型号：Agilent 6890N（配备氢火焰离子化检测器），Agilent 7694E 顶空自动进样器。

生产厂商：安捷伦科技有限公司。

应用领域：Agilent 7694E 顶空进样器是一款使用方便、经济耐用的顶空装置，能够分析几乎任何基质中的挥发性化合物。

仪器简介：外部结构见图1和图2。

【注意事项】

1. 温度设定时不得过高，以免破坏顶空自动进样器，缩短使用寿命。不挥发或不易挥发样品不宜用顶空法测定。

2. 由于顶空仪需与气相色谱仪联机使用，因此需要注意顶空仪参数与气相色谱仪参数的相互统一，如气相色谱仪的汽化室温度要高于传送带，以方便样品的汽化。

3. 色谱柱的使用温度：各种固定相均有最高使用温度的限制，为延长色谱柱的使用寿命，在分离度达到要求的情况下尽可能选择低的柱温。

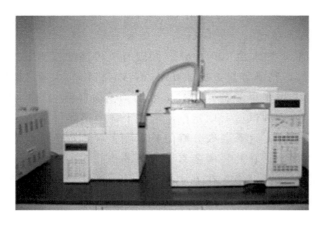

图 1　Agilent 7694 顶空进样器和 Agilent 6890N 气相色谱仪联机外部结构

图 2　Agilent 7694E 顶空自动进样器样品仓结构

实验 26　气相色谱（ECD）法测定水中的六六六、滴滴涕

一、实验目的

1. 了解国家食品农药残留中限量和再残留量的定义和规定。
2. 了解电子捕获检测器的原理和应用。
3. 掌握气相色谱分析前处理方法和仪器的正确操作方法。

二、实验原理

六六六（六氯环己烷，简称 HCH）、滴滴涕（二氯二苯基三氯乙烷，简称 DDT）为高效广谱有机氯杀虫剂，具有化学性质稳定、易于在生物体内蓄积，对人畜有毒，且在环境中残留半衰期长（可达数年之久，最长可达 10 年）等特点，因此 20 世纪 60 年代末被停止生产或禁止使用。同时该类化合物是我国食品中农药残留的必需检测品种，食品安全国家标准 GB/T 5749—2006 生活饮用水卫生标准中规定，滴滴涕 $\leqslant 0.001\ \mathrm{mg \cdot L^{-1}}$，六六六总量 $\leqslant$

0.005mg·L^{-1}，同时对再残留量也做出了规定。因氯原子的空间结构不同，六六六有 8 种同分异构体，分别称为 α、β、γ、δ、ε、η、θ 和 ξ，因苯环上氯原子的相对位置及数量的不同，滴滴涕主要异构体及同系物有 o,p′-DDT、p,p′-DDE、p,p′-DDD、p,p′-DDT。

本实验用环己烷或石油醚萃取水中六六六、滴滴涕，以及萃取液用浓硫酸处理，以消除石油醚萃取过程中同样被萃取的有机磷农药、不饱和烃以及邻苯二甲酸酯等有机化合物（这些物质在 ECD 中也有响应，干扰六六六、滴滴涕的测定）。处理后的环己烷或石油醚萃取液经脱水、浓缩后用带有 ECD 检测器的气相色谱仪测定，最后采取外标单点法检测水中的六六六、滴滴涕限量。

三、 仪器和试剂

仪器：带有 ECD 的气相色谱仪；1000mL 玻璃细口瓶；500mL 量筒；1000mL 分液漏斗；容量瓶；梨形烧瓶；旋转蒸发仪。

试剂：环己烷（浓缩 50 倍后，色谱测定无干扰峰；如有干扰，需用全玻璃蒸馏器重新蒸馏）、石油醚（沸程 30～60℃或 60～90℃；浓缩 50 倍后，色谱测定无干扰峰。如有干扰，需用全玻璃蒸馏器重新蒸馏）；浓硫酸（分析纯）；无水硫酸钠（分析纯）；40g·L^{-1} 硫酸钠溶液；苯（色谱纯）；色谱标准物（α-六六六、β-六六六、γ-六六六、δ-六六六；p,p′-DDE、p,p′-DDT、p,p′-DDD、o,p′-DDT，纯度均为 95%～99%）。

四、 实验步骤

1. 水样的预处理

（1）洁净的水样　取水样 500mL，置于 1000mL 分液漏斗中，用 70mL 环己烷或石油醚分三次萃取（30mL、20mL、20mL），每次充分振荡 3min，静置分层，合并环己烷萃取液，经无水硫酸钠脱水后，浓缩至 10mL，供测定用。

（2）污染较重的水样　取水样 500mL，置于 1000mL 分液漏斗中，用 70mL 环己烷或石油醚分三次萃取（30mL、20mL、20mL），每次充分振荡 3min，静置分层，合并环己烷萃取液，经无水硫酸钠脱水后，浓缩至 10mL，加入 2mL 硫酸，轻轻振荡数次，静置分层，弃去硫酸层，加入 10mL 硫酸钠溶液振荡分层弃去水相，经无水硫酸钠脱水后，供测定用。

2. 标准溶液的配制

（1）标准储备溶液（1mg·mL^{-1}）　称取色谱纯 α-六六六、β-六六六、δ-六六六、γ-六六六、p,p′-DDE、o,p′-DDT、p,p′-DDD、p,p′-DDT 各 10.00mg，分别置于 10mL 容量瓶中，用苯溶解并稀释至刻度。

（2）标准中间溶液（10μg·mL^{-1}）　分别将各物质的标准储备溶液用环己烷稀释 100 倍。

（3）混合标准使用溶液　根据检测器灵敏度及测定浓度线性范围要求，用环己烷稀释中间溶液，配制各种浓度的混合标准使用溶液。

3. 色谱条件

检测器：ECD。

色谱柱：DM-1701（30m×0.32mm×0.25μm）高弹石英毛细管色谱柱，或者同等极性的色谱柱。

载气流速，$1\text{mL}\cdot\text{min}^{-1}$；柱温，210℃；汽化室温度，260℃；检测室温度，260℃（针对不同仪器，仪器条件需要优化）。

4. 定性分析

定性分析是根据标准谱图各组分的保留时间，确定被测试样中出现的组分名称。

5. 定量分析

在色谱 ECD 分析的线性范围内，配制一系列浓度的标准溶液。注入一定量样品溶液，样品组分色谱峰出完后，得到样品色谱图；注入相同体积的标准溶液，得到标准溶液色谱图，标准溶液的响应值要接近样品的响应值。比较样品和标准使用溶液的色谱峰高，计算样品含量。

$$c_2 = \frac{h_2 \times c_1}{h_1 \times K}$$

式中，c_2 为样品浓度，$\text{mg}\cdot\text{L}^{-1}$；$h_2$ 为样品的色谱峰高，mm；c_1 为标准溶液的浓度，$\text{mg}\cdot\text{L}^{-1}$；$h_1$ 为标准溶液色谱峰高，mm；K 为样品体积与萃取液体积之比。

五、 数据处理

1. 根据标准品色谱峰面积和浓度做标准曲线。
2. 根据被测物峰面积进行未知物浓度的测定。

六、 思考题

1. 为什么水样不能直接进样，而要进行一系列的前处理？
2. 试述水样处理过程中的操作规范对结果的影响。
3. 试述电子捕获检测器的原理和应用。

七、 仪器介绍

仪器型号：Agilent 6890N（配备电子捕获检测器，简称 ECD）。

生产厂商：安捷伦科技有限公司。

应用领域：ECD 检测器只对具有电负性的物质，如含 S、P、卤素的化合物，金属有机物及含羰基、硝基、共轭双键的化合物有输出信号；而对电负性很小的化合物，如烃类化合物等，只有很小甚至无输出信号。被测物的电负性越大，ECD 的检测限越小（可达 $10^{-12} \sim 10^{-14}\text{g}$），所以 ECD 特别适合于分析痕量电负性化合物。虽然 ECD 的线性范围较窄，仅有 10^4 左右，但 ECD 仍然广泛用于生物、医药、农药、环保、金属螯合物及气象追踪等领域中热稳定性好的小分子量物质的定量分析。

电子捕获检测器：结构如图 1 所示。电子捕获检测器的主体是电离室，目前广泛采用的是圆筒状同轴电极结构。阳极是外径约 2mm 的铜管或不锈钢管，金属池体为阴极，阳极与阴极之间用陶瓷或聚四氟乙烯绝缘。离子室内壁装有β射线放射源，常用的放射源是^{63}Ni，载气用N_2或Ar。原理：当载气（N_2）从色谱柱流出进入检测器时，放射源放射出的β射线，使载气电离，产生正离子及低能量电子，向两电极定向流动，形成检测器基流。当电负性物质AB进入离子室时，因为AB有较强的电负性，可以捕获低能量的电子，从而形成负离子，使电极间电子数和离子数目减少，致使基流降低，产生了样品的检测信号。产生的电信号是负峰，负峰的大小与样品的浓度成正比。

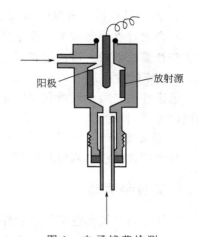

图1 电子捕获检测器结构示意图

【注意事项】

1. 样品的采集和保存：采集样品要求在到达实验室之前不使其变质或受到污染，需用玻璃瓶采集样品。在采样前要把采样瓶用所要分析测定的水洗2~3次。采集水样后应尽快分析，如不能及时分析，可在4℃冰箱中贮存，但不得超过7天。

2. 样品预处理使用的有机溶剂易挥发着火，需注意在通风柜内进行。

3. 新装填的色谱柱在通氮气条件下，在180℃柱温下连续老化至少48h，老化时可注入六六六、滴滴涕的标准溶液，待色谱柱对农药的分离及检测器的响应恒定后，方能进行定量分析。

实验27 高效液相色谱仪的基本操作与色谱参数测定

一、实验目的

1. 学习高效液相色谱仪的使用方法。
2. 掌握色谱柱理论塔板数、理论塔板高度、色谱峰拖尾因子和分离度的计算方法。

二、实验原理

高效液相色谱法是在经典液相色谱基础上发展起来的一种现代柱色谱分离方法。液相色谱法只要求试样能制成溶液，而不需要汽化，因此不受试样挥发性的限制。高效液相色谱法具有不破坏样品的特点，高沸点、热稳定性差、强极性、分子量大的有机物原则上都适合用高效液相色谱法进行分离、分析。高效液相色谱分离不但取决于组分和固定相的性质，还与流动相的性质密切相关。分离原理是利用试样中各组分在色谱柱中的淋洗液和固定相间的分配系数不同，当试样随着流动相进入色谱柱中后，组分就在其中的两相间进行反复多次（$10^3 \sim 10^6$）的分配，由于固定相对各种组分的保留能力不同，各组分经色谱柱彼此分离，进入检测器经放大后，在电脑工作站上描绘出各组分的色谱峰。

一般从以下几个参数来评价色谱柱的性能好坏：理论塔板数n或理论塔板高度H、峰对称性、分离度R等。这里主要介绍理论塔板数和理论塔板高度、峰对称性、分离度。

1. 理论塔板数 n 和理论塔板高度 H

在色谱柱性能测试中，理论塔板数是最重要的指标，它反映色谱柱本身的特征，一般均用它来衡量柱效能。塔板数越多，板高越小，柱效越高。

2. 峰对称性

色谱柱的热力学性质和柱填充的均匀与否，将影响色谱峰的对称性。色谱峰的对称性用拖尾因子 T 来衡量。

3. 分离度

分离度是从色谱峰判断相邻两组分在色谱柱中总分离效能的指标，用 R 表示。

三、仪器和试剂

仪器：高效液相色谱仪；紫外检测器；微量注射器（50μL）。

试剂：苯；甲苯；甲醇（均为分析纯或色谱纯）；新鲜的二次蒸馏水。

四、实验步骤

1. 高效液相色谱仪的基本操作

（1）开机启动装置，进入操作系统与仪器控制面板，设置所需各项参数。

（2）设置分析用流动相清洗流路，等待色谱柱、系统平衡，基线稳定后，开始进样分析。

（3）分析结束，数据处理，打印报告。

（4）关闭柱温箱和检测器，冲洗色谱柱，关闭脱气机、泵，关闭装置。

（5）关闭总电源。

2. 色谱参数的测定

（1）样品溶液的配制　配制苯、甲苯的甲醇溶液作为样品溶液。

（2）色谱条件　色谱柱，15cm×4.6mm（I.D.），ODS，5μm。流动相，甲醇∶水（80∶20）；固定相：C_{18} 反相烷基键合相；检测波长 254nm；流速 $1mL \cdot min^{-1}$。

（3）进样　在选定的实验条件下，用微量注射器经定量环注入样品溶液 20μL，记录色谱图。

（4）结果处理

① 根据苯、甲苯色谱图的 t_R 和 $W_{1/2}$ 的数值，按下式计算色谱柱的理论塔板数 n 和理论塔板高度 H。

$$n = 5.54\left(\frac{t_R}{W_{1/2}}\right)^2 \tag{1}$$

$$H = \frac{L}{n} \tag{2}$$

② 根据色谱峰，按下式计算各组分的拖尾因子 T。

$$T = \frac{W_{0.05h}}{2A} \tag{3}$$

③ 根据色谱峰，按下式计算苯和甲苯的分离度。

$$R = \frac{2(t_{R_2} - t_{R_1})}{W_1 + W_2} \tag{4}$$

式中，t_R 为样品保留时间，s；$W_{1/2}$ 为色谱峰的半峰宽，s；A 为峰面积；$W_{0.05h}$ 为 5% 峰高前沿到峰顶点的水平距离；L 为色谱柱柱长，cm。

五、数据处理

苯、甲苯色谱图的 t_R 和 $W_{1/2}$ 数值与主要色谱参数

溶液 \ 测定参数	t_R	A	$W_{1/2}$	n	f_s	R
苯						
甲苯						

六、思考题

1. 流动相在使用前为什么要脱气？
2. 用苯和甲苯表示的同一色谱柱的柱效能是否一样，为什么？

七、仪器介绍

仪器型号：SY-4000K（配备紫外检测器）。

生产厂商：德国 KNAUER 公司。

应用领域：高效液相色谱法适于分析高沸点不易挥发的、受热不稳定易分解的、分子量大、不同极性的有机化合物；生物活性物质和多种天然产物；合成的和天然的高分子化合物等。它们涉及石油化工产品、食品、合成药物、生物化工产品及环境污染物等，约占全部有机化合物的 80%。

仪器简介：其基本结构见图 1，外部结构见图 2。

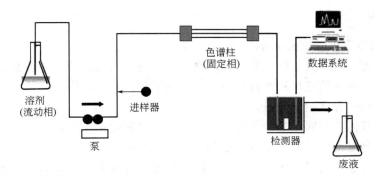

图 1　液相色谱仪基本构造

用泵将贮液罐的溶剂经进样器送入色谱柱中，然后从检测器的出口流出。当待分离样品从进样器进入时，流经进样器的流动相将其带入色谱柱中进行分离，然后以先后顺序进入检测器，数据系统将进入检测器的信号记录下来，得到液相色谱图。

【注意事项】

1. 高效液相色谱中所有的溶剂均需过 0.45μm 的滤膜纯化处理，实验用水为去离子水。
2. 流动相经脱气后方可使用。
3. 取样时，先用样品溶液清洗微量注射器几次，然后吸取过量样品，将微量注射器针尖朝上，赶去可能存在的气泡。用毕，微量注射器用甲醇或丙酮洗涤数次。

图 2　SY-4000K（配备紫外检测器）外部结构

实验 28　高效液相色谱柱性能测定方法

一、实验目的

1. 了解 HPLC 仪器的基本构造和工作原理，掌握高效液相色谱仪的基本操作。
2. 熟悉高效液相色谱仪仪器性能检查的项目和方法。
3. 掌握液相色谱柱性能指标（如理论塔板数、峰不对称因子、柱的反压等）的测定方法，学会判别其性能优劣。

二、实验原理

1. 高效液相色谱仪的性能指标

（1）流量精度　仪器流量的准确性，以测量流量与指示流量的相对偏差表示。

（2）检测限　本实验使用紫外检测器，其检测限为某组分产生的信号大小等于 2 倍噪声时，每毫升流动相所含该组分的量。

（3）定性重复性　在同一实验条件下，组分保留时间的重复性，通常以被分离组分的保留时间之差的相对标准偏差来表示（$RSD \leqslant 1\%$ 认为合格）。

（4）定量重复性　在同一实验条件下，组分色谱峰峰面积（或峰高）的重复性，通常以被分离组分的峰面积的相对标准偏差来表示（$RSD \leqslant 2\%$ 认为合格）。

2. 液相色谱柱的性能指标

一支色谱柱的好坏要用一定的指标来进行评价。通常评价色谱柱的主要指标包括：理论塔板数 N、峰不对称因子、两种不同溶质的选择性（α）、色谱柱的反压、键合固定相的浓度、色谱柱的稳定性等。一个合格的色谱柱评价报告至少应给出色谱柱的基本性能参数，如柱效能（即理论塔板数 N）、容量因子 k、分离度 R、柱压降等。

评价液相色谱柱的仪器系统应满足相当高的要求：一是液相色谱仪器系统的死体积应尽可能小；二是采用的样品及操作条件应当合理，在此合理的条件下，评价色谱柱的样品可以完全分离并有适当的保留时间。不同类型色谱柱性能评价所需的样品与所采用的操作条件是不同的，可查阅相关参考资料。

三、仪器和试剂

仪器：高效液相色谱仪（普通配置，带紫外检测器）；色谱工作站；色谱柱；100μL 平头微量注射器；超声波清洗器；流动相过滤器；无油真空泵；容量瓶等玻璃仪器。

试剂：苯；萘；联苯；菲（分析纯）；甲醇（HPLC 纯）；蒸馏水等。

四、实验步骤

1. 准备工作

（1）流动相的预处理　配制甲醇-水（体积比 83∶17）的流动相，用 0.45μm 的有机滤膜过滤后，装入流动相贮液器内，用超声波清洗器脱气 10~20min（如果仪器带有在线脱气装置，可不必采用超声波清洗器脱气）。

（2）标准溶液的配制　配制含苯、萘、联苯、菲各 $10\mu g \cdot mL^{-1}$ 的正己烷溶液，混匀，备用。

（3）观察流动相流路　检查流动相是否够用，废液出口是否接好。

（4）高效液相色谱仪的开机　按仪器操作说明书规定的顺序依次打开仪器各单元，打开输液泵旁路开关，排出流路中的气泡，启动输液泵，并将仪器调试到正常工作状态，流动相流速设置为 $1.0mL \cdot min^{-1}$，检测器波长设为 254nm。同时打开工作站电源并启动系统软件。

2. 高效液相色谱仪仪器性能测试

（1）流量的测定　以甲醇为流动相，设置其流量为 $1.0mL \cdot min^{-1}$。待流速稳定后，在流动相排出口用事先清洗称量过的称量瓶收集流动相，同时用秒表计时，准确地收集 10mL，记录流出所需时间，并将其换算成流量（$mL \cdot min^{-1}$），重复 3 次，记录相关数据。

（2）检测限的测定　在基线稳定的条件下，用进样器注入一定量浓度为 4×10^{-8} $g \cdot mL^{-1}$ 的萘的甲醇溶液，样品峰高应大于或等于 2 倍基线噪声峰高，按下式计算该仪器的最小检测浓度。

$$c_1 = 2 \times h_N \times c/h$$

式中　c_1——最小检测浓度，$g \cdot mL^{-1}$；

　　　h_N——噪声峰高；

　　　c——样品浓度，$g \cdot mL^{-1}$；

　　　h——样品峰高。

（3）重复性的测定　将仪器连接好，使之处于正常工作状态，用进样阀的定量管注入适当的标准溶液（萘或联苯）或稳定的待分析样品溶液，记录保留时间和峰面积的相关数值。连续测量 5 次，计算相对标准偏差（RSD）。

3. 色谱柱性能的测定

① 待基线稳定后，用平头微量注射器进样（进样量由进样阀定量管确定），将进样阀柄置于"Load"位置时注入样品，在泵、检测器、接口、工作站均正常的状态下将阀柄转至"Inject"位置，仪器开始采样。

② 从计算机的显示屏上即可看到样品的流出过程和分离状况。待所有的色谱峰流出完毕，停止分析（运行时间结束后，仪器也会自动停止采样），记录好样品名对应的文件名

（已知出峰顺序为苯、萘、联苯、菲）。

③ 重复进样不少于三次。

4. 结束工作

待所有样品分析完毕，让流动相继续运行 20~30min，以免样品中的强吸附杂质残留在色谱柱中。

5. 数据记录及处理

（1）流量精度的测定　将流量精度测定的相关数据记录下来，并计算平均流量和相对标准偏差。

（2）检测限的测定　记录检测限测定的相关数据，并进行相关计算。

（3）重复性的测定　将重复性测定的相关数据记录下来，并计算平均值和相对标准偏差。

五、思考题

1. 液相色谱流动相为什么要经过滤、脱气处理？
2. 为什么要对色谱柱进行评价？
3. HPLC 为什么采用六通阀进样器？

【注意事项】

1. 操作时需严格遵守实验室要求及仪器操作规程。
2. 开泵前应检查流路中的气泡，并确保排除干净。

六、大连依利特 P230Ⅱ高效液相色谱仪操作规程

1. 流动相的配制

（1）根据各药品项下规定的配制方法，配制流动相，用微孔滤膜（$\phi 0.45 \mu m$）抽滤，有机溶剂（或混合溶剂）用油膜过滤，纯化水系溶液用水膜过滤。

（2）脱气：配好的流动相用超声波清洗器超声排气泡，时间为 10~20min。

2. 开机

（1）待电压稳定后，依次打开"高压输液泵"电源、检测器电源、工作站电源和计算机电源。

（2）换上流动相（若流动相中含有酸或盐不能直接换上流动相，需用 10%甲醇水溶液运行 30min 后再换上流动相，若流动相中不含酸或盐，则可以直接换上流动相），开始下列操作：排空冲洗、调流速、调波长。

若连接泵头的吸液管中无液体填充或有大量气泡时，逆时针打开泵单元上的排空阀，用注射器抽取约 20mL 液体后，按"冲洗"键进行冲洗约 2min 至吸液管中没有气泡，再次按"冲洗"键停止冲洗，然后顺时针关闭排空阀。

若连接泵头的吸液管中有液体填充且无气泡，打开排空阀，按泵控制面板上的"冲洗"键冲洗 2min 后，再次按"冲洗"键停止冲洗，关闭排空阀。

调流速：根据样品要求调流速。方法：按泵单元控制面板上的"操作菜单"键一次，进入 P230Ⅱ高压恒流泵的"MENU1 BASIC OPERATION"功能状态，在该状态下通过按"△"或"▽"上、下移动键可以循环进入泵的流速、最高限压、最低限压设定界面，对相应值进行设定和修改。此时光标在要修改的参数处闪动，可以直接键入新的数值，然后按

"确认"键。按"△"或"▽"键选择 MENU1 中其他参数进行设定。设定完成后按两次"操作菜单"键即可返回初始界面。按"运行"键开始运行。若调节流速前显示的流速正好符合检品要求,则无需调节流速。

调波长:根据样品要求调波长。方法:按检测器控制面板上的"操作菜单"键一次,屏幕显示"MENU1"后按"△"或"▽"键进行波长设定,设定是按数字键后按"确认"。若调节波长前显示的波长正好符合检品要求,则无需调节波长。

(3) 打开电脑桌面上 EC2006 工作站图标,进入工作站界面,并进行系统配置验证。

(4) 设置分析方法:根据样品所需设置分析方法(或直接调出本样品已保存的方法),点击"启动基线监测"图标后进行基线监测,待基线稳定后停止基线监测。

(5) 进样:点击"启动数据采集"图标后,用仪器配备的进样器吸取一定量的待检液,注入进样阀,快速扳动进样阀手柄,即开始启动数据采集。

(6) 分析结果:等到所设的时间结束后自动分析。

3. 实验完毕后的处理工作

(1) 关闭检测器电源,实验完毕及时关闭检测器(便于保护检测器,甚至可延长检测器的寿命)。

(2) 冲洗:在大的注射器上装上配备的冲洗头(白色的圆形配件),用 10% 甲醇水冲洗 3~5 次,再用纯甲醇冲洗 2~3 次即可,盖上红色的进样阀保护盖。

(3) 色谱柱的冲洗

① 含盐的流动相的冲洗方法:每天操作结束后,先用含甲醇为 10% 的甲醇水溶液冲洗,时间约为 30min。再用纯甲醇冲洗,时间为 30~60min(注意:不能直接用有机溶剂冲洗,盐类易析出而堵塞色谱柱,造成色谱柱永久性损坏)。

② 不含盐的流动相的冲洗方法:每天操作结束后,先用原流动相冲洗 10~15min,再用纯甲醇冲洗,时间为 20~30min。

(4) 根据提示依次关闭电脑上工作站软件的各个界面,最后关闭工作站,恒流泵和柱温箱电源(注意:关闭泵电源前先按"运行/停止"键一次,停止泵,待压力降到零时,再关闭泵的电源)。

4. 注意事项

(1) 流动相或单项溶剂需经过 $0.45\mu m$ 的微孔滤膜过滤,以降低色谱柱受污染的程度,延长使用寿命。抽滤流动相或单项溶剂时,应注意滤膜的选择:抽滤纯水或纯水溶液时,选用水系滤膜,抽滤分析纯有机溶剂或混合溶液中含有有机溶剂时,要选用脂溶性滤膜。

(2) 若仪器长时间不用,可定期通电,使仪器预热一段时间,以免仪器内部件受潮。

(3) 根据需要设定泵压力参数。由于每根色谱柱性能、填料各不相同,要依据其特性控制压力,防止压力过大导致柱内填料空间发生变化,影响分离效果。以十八烷基硅烷键合硅胶填料的色谱柱一般最高工作压力不能超过 40MPa。

(4) 最后一次进样完成后,应用流动相冲洗一段时间,以保证洗脱完全,然后照 3.(3) 操作。

(5) 最后根据色谱柱的填料不同,采用不同的溶剂保存色谱柱:以十八烷基硅烷键合硅胶为填料的色谱柱宜用纯甲醇充满柱子后保存。

实验 29　高效液相色谱法测定黄体酮注射液中黄体酮的含量

一、实验目的

1. 熟悉内标法测定药物含量的实验方法，熟悉供试品溶液、对照品溶液、内标溶液的制备方法。
2. 学会从高效液相色谱图上读取保留时间和响应值，并能利用实验数据用内标法测定供试品含量。

二、实验原理

黄体酮注射液是无色至淡黄色的澄明油状液体。适应证为月经失调，如闭经和功能性子宫出血、黄体功能不足、先兆流产和习惯性流产（因黄体不足引起者）、经前期紧张综合征。其主要成分为黄体酮。辅料为苯甲醇、大豆油（供注射用）。

黄体酮的化学名称：孕甾-4-烯-3,20-二酮，具有共轭结构，在紫外光区有特征吸收。

黄体酮

本实验以反相高效液相色谱法分离药物，内标定量，可消除药物中杂质的干扰。本实验采取内标法，使用内标的主要原因是样品有时需要繁杂的预处理或制备步骤，往往包括反应、过滤、萃取等，可能导致样品损失，而在样品制备前加入经合理选择的内标物，则能够减小损失所带来的误差。

适宜的内标物有以下条件：能与被测物及其他峰很好地分开；与被测物有相似的保留值；原样品中不应存在；在内标物制备步骤中与被测物制备步骤相似；可得到高纯度的商品；稳定，不与样品和流动相发生反应；与被测物具有相似的检测器响应。

三、仪器和试剂

仪器：高效液相色谱仪；紫外检测器；微量注射器（$50\mu L$）；恒温水浴箱；离心机；分析天平；25mL 容量瓶；5mL 移液管；$0.45\mu m$ 的滤膜。

试剂：黄体酮；己烯雌酚；乙醚；甲醇：水（65：35）。

四、实验步骤

1. 内标溶液的制备

准确称取己烯雌酚约 25mg，置 25mL 容量瓶中，以甲醇溶解定容并摇匀。

2. 对照品溶液的制备

准确称取黄体酮对照品约 25mg，置 25mL 容量瓶中，以甲醇溶解定容并摇匀。

3. 黄体酮、己烯雌酚的校正因子测定

精密量取对照品溶液与内标溶液各 5.00mL，置 50mL 容量瓶中，以甲醇稀释至刻度，摇匀，取 5μL 注入液相色谱仪，记录色谱图，计算校正因子。

$$f_i = \frac{m_i}{A_i} \tag{1}$$

4. 黄体酮含量的测定

准确移取适量的黄体酮注射液（约相当于黄体酮 50mg），置于 50mL 容量瓶中，加乙醚稀释至刻度，摇匀；准确量取 5.00mL 配制的黄体酮样品溶液，置于具塞离心管中，在 40℃恒温水浴槽中使乙醚挥发近干（在通风橱中进行）；用甲醇振摇提取 4 次（第 1~3 次各 5mL，第 4 次 3mL），每次振摇 10min 后离心 15min，并用滴管将甲醇液移至 25mL 容量瓶中，合并提取液，准确加入内标溶液 5.00mL，用甲醇稀释至刻度，摇匀；取 5μL 注入液相色谱仪，记录色谱图。根据内标法计算公式计算注射液中黄体酮的含量。

$$w = \frac{m_i}{m} \times 100\% = \frac{m_s \frac{f_i A_i}{f_s A_s}}{m} \times 100\% \tag{2}$$

式中，m_s 为内标物质量，g；m 为样品黄体酮注射液的质量，g；f_i 为样品黄体酮的校正因子；f_s 为内标物的校正因子；A_i 为样品黄体酮注射液的峰面积；A_s 为内标物的峰面积。注射液含黄体酮（$C_{21}H_{30}O_2$）应为标示量的 93.0%~107.0%。

五、数据处理

黄体酮、己烯雌酚的校正因子与黄体酮含量测定数据

溶液 \ 参数	m/g	A	f	W/g	$c_i/\%$
黄体酮					
己烯雌酚					

六、思考题

1. 选择内标物的一般原则是什么？
2. 内标法的适用范围是什么？

七、仪器介绍

仪器型号：Agilent 1100 高效色谱仪（配备可变波长检测器，简称 VWD）。

生产厂商：Agilent 科技有限公司。

应用领域：VWD 只能进行某一特定波长的检测，即事先设定好某一波长，然后在此波长下对样品中洗脱的各个组分进行检测。

仪器简介：VWD 检测器光路见图 1，高效液相色谱仪外部结构见图 2。

【注意事项】

1. 色谱柱：15cm×4.6mm（I.D.），ODS，5μm；检测波长 254nm。
2. 样品和对照液按规定方法分别配制 1 份，供试液在注入色谱柱前，一般应经适宜的 0.45μm 的滤膜过滤。
3. 样品和对照液每份至少注样 4 次（n≥4），求得平均值，相对标准偏差（RSD）一般

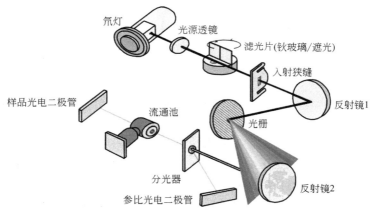

图 1　VWD 检测器光路原理示意图

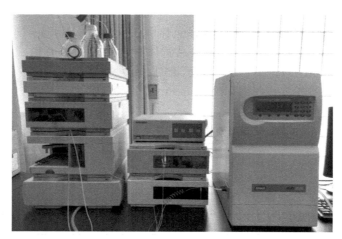

图 2　Agilent1100 液相色谱仪外部结构

应不大于 1.5%。

实验 30　高效液相色谱法测定六味地黄丸中丹皮酚的含量

一、实验目的

1. 掌握高效液相色谱法测定中药制剂含量的操作技术。
2. 掌握高效液相色谱法测定样品的前处理方法。
3. 了解高效液相色谱法流动相梯度洗脱的优缺点。

二、实验原理

六味地黄丸为滋阴清虚之代表方,其组成特点是补中寓泻,而以补阴为主。牡丹皮是本方"三泻"之首,凉血清热而泻肝肾之火,为佐药。由于牡丹皮所含有效成分丹皮酚($C_9H_{10}O_3$),易挥发而影响质量,故需要测定丹皮酚的含量,以控制成品的质量。《中国药典》(2015年版) 规定: 六味地黄丸含牡丹皮以丹皮酚 ($C_9H_{10}O_3$) 计, 水丸每克不得少于 1.3mg; 水蜜丸每克不得少于 1.05mg; 小蜜丸每克不得少于 0.70mg; 大蜜丸每丸不得少于 6.3mg。

丹皮酚

六味地黄丸中丹皮酚一般采用 50% 甲醇超声波提取, 以高效液相色谱法 (紫外检测器) 分离, 外标法定量进行测定。

确定未知样品浓度最常用的方法是用外标法作出标准曲线。配制并分析已知浓度的标准溶液, 然后以峰响应值对浓度作图。并以完全相同的方式制备、进样、分析未知物样品, 根据标准曲线图解或响应因子数值计算求出其浓度值。

三、仪器和试剂

仪器: 高效液相色谱仪; 紫外检测器; 微量注射器 (50μL); 超声机; 0.45μm 的有机滤膜; 具塞锥形瓶。

试剂: 六味地黄丸 (水蜜丸或小蜜丸); 丹皮酚; 甲醇:水 (70:30)。

四、实验步骤

1. 对照品溶液的制备

准确取对照品丹皮酚约 0.5g, 加甲醇制成 $20\mu g \cdot mL^{-1}$ 丹皮酚的溶液。

2. 供试品溶液的制备

取水丸, 研细, 取约 0.5g, 或取水蜜丸, 研细, 取约 0.7g, 精密称定; 或取小蜜丸或质量差异项下的大蜜丸, 剪碎, 取约 1g, 精密称定。置具塞锥形瓶中, 精密加入 50% 甲醇 25mL, 密塞, 称定质量, 加热回流 1h, 放冷, 再称定质量, 用 50% 甲醇补足减失的质量, 摇匀, 过滤, 取续滤液, 即得。

3. 丹皮酚含量的测定

色谱条件与系统适用性实验以十八烷基硅烷键合硅胶为填充剂; 以乙腈为流动相 A, 以 0.3% 磷酸水溶液为流动相 B, 按下表中的规定进行梯度洗脱; 检测波长为 274nm; 柱温为 40℃。

时间/min	流动相 A/%	流动相 B/%
0~5	5→8	95→92
5~20	8	92
20~35	8→20	92→80
35~45	20→60	80→40
45~55	60	40

分别吸取对照品溶液、供试品 20μL, 注入液相色谱仪测定, 采用外标法计算小蜜丸或水蜜丸的含量 ($mg \cdot g^{-1}$):

$$w = \frac{c_R \times \frac{A_X}{A_R} \times V \times 10^{-3}}{m} = \frac{c_R \times \frac{A_X}{A_R} \times 25 \times 10^{-3}}{m}$$

式中，c_R 为丹皮酚对照品的浓度，$mg \cdot L^{-1}$；A_X 为待测样品的峰面积；A_R 为丹皮酚对照品的峰面积；m 为六味地黄丸的质量。

五、数据处理

外标法测六味地黄丸中丹皮酚的含量

参数\样品溶液	A	$c/mg \cdot L^{-1}$	$w/mg \cdot g^{-1}$
丹皮酚溶液			
待测样品溶液			

六、思考题

1. 使用外标法时，欲得到良好的定量结果，应注意些什么？
2. 流动相浓度梯度洗脱的优势是什么？运用时应注意些什么？

七、仪器介绍

仪器型号：Agilent 1100 高效液相色谱仪（配备二极管阵列检测器，DAD）。

生产厂商：Agilent 科技有限公司。

应用领域：二极管阵列检测器（DAD）是一种基于光电二极管阵列技术的新型检测器。使用二极管阵列检测器，可以对色谱峰进行光谱扫描、峰纯度鉴定等定性分析，在方法研究中可以快速选择最佳检测波长，在多组分混合物分析中可以编辑波长程序。由于具有这些明显优势，二极管阵列检测器在农药分析中有着极佳的应用前景。

仪器简介：DAD 检测器光路见图 1。

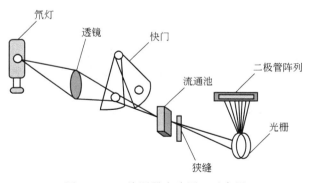

图 1 DAD 检测器光路原理示意图

二极管阵列检测器（DAD）其本质仍为紫外吸收检测器，不同的是进入流通池的不再是单色光，得到的信号可以是在所有波长上的色谱信号，氘灯发出的紫外线经消色差透镜系统聚焦后，被一个由多个光电二极管组成的阵列所检测，每一个光电二极管检测一窄段的谱区；这种检测器作用是一种反光路系统，即光先通过流通池后再色散，全部阵列在很短的时间（10ms）内扫描一次。进行分析时，监测一个波长上的色谱输出而储存其他波长上的数据。分析完毕，可得到全波长三维图谱，将时间沿时间轴慢慢变动，观察光谱随时间的变化，由此检测。

【注意事项】

1. 采用外标法定量，应注意进样量的准确性。由于微量进样器不易准确控制进样量，以定量环或自动进样器进样为好。

2. 流动相梯度洗脱时，其仪器的稳定性对分析的重复性非常重要，在连续进样中，要时刻关注系统压力的稳定性。

实验 31　高效液相色谱法测定食品添加剂苯甲酸（钠）

一、实验目的

1. 学习液相色谱法的原理与应用。
2. 学习色谱柱效的计算，了解流速对保留时间的影响。
3. 掌握外标法定量。
4. 学习实际样品的测定以及前处理方法。

二、实验原理

苯甲酸（钠）是使用时间最长的食品防腐剂之一，由于其对酵母、霉菌和部分细菌的抑制效果较好，所以在很多领域被广泛使用。但如果苯甲酸（钠）添加过量，不仅能破坏维生素 B_1，影响人体对钙的吸收，刺激胃肠道，而且还会对人体肝脏造成危害，甚至致癌。本实验采用高效液相色谱法测定山楂制品中苯甲酸钠的含量。山楂制品中含有大量的果胶物质，加水溶解时很难直接过滤，需要先把果胶沉淀，经过充分振荡、摇匀，过滤得到提取液，将提取液用 $0.45\mu m$ 膜过滤，用液相色谱分析，根据保留时间和峰面积进行定性和定量，可以测得山楂制品中苯甲酸钠的含量。

三、仪器和试剂

仪器：高效液相色谱仪；超声仪；溶剂过滤装置；天平；涡流振荡器，离心机。

试剂：

(1) 水：超纯水。

(2) 甲醇：色谱纯。

(3) 醋酸钠（$0.05mol·L^{-1}$）：称取 4.10g 无水醋酸钠于 250mL 烧杯中，溶解后，转移到 1000mL 容量瓶中，用蒸馏水定容，经 $0.45\mu m$ 水系滤膜过滤。

(4) 苯甲酸标准储备溶液：准确称取 0.1000g 苯甲酸于 100mL 容量瓶中，加甲醇 10mL，溶解后，加水定容至 100mL，$1mg·mL^{-1}$ 苯甲酸作为储备溶液。

(5) 硫酸锌溶液：$535g·L^{-1}$。

(6) 亚铁氰化钾溶液：$172g·L^{-1}$。

(7) 山楂制品。

四、 实验步骤

1. 按照仪器说明开机，使仪器处于工作状态。
2. 设置色谱参数

色谱柱：依利特 C_8 不锈钢柱（4.6mm×200mm，5μm）。

流动相：甲醇：醋酸钠溶液（0.05mol·L^{-1}）＝20∶80，用水系膜过滤，超声脱气 5min。

流速：1mL·min^{-1}。

进样量：20μL。

检测器：紫外检测器，（波长 230nm）。

3. 配制标准溶液：取 2mL 苯甲酸储备溶液于 100mL 容量瓶中，加水稀释至刻度，配成 20μg·mL^{-1} 的溶液。然后依次稀释配制浓度为 0.5μg·mL^{-1}、1μg·mL^{-1}、5μg·mL^{-1}、10μg·mL^{-1} 的标准溶液。

4. 流速分别设置为 0.4mL·min^{-1}、0.7mL·min^{-1}、1mL·min^{-1} 和 1.5mL·min^{-1}，取 10μg·mL^{-1} 的标准溶液 20μL 进样分析，分别记录保留时间，观察保留时间与流速的关系。

5. 流速设定为 1mL·min^{-1}，分别取 0.5μg·mL^{-1}、1μg·mL^{-1}、5μg·mL^{-1}、10μg·mL^{-1}、20μg·mL^{-1} 的标准溶液 20μL 进样分析，分别记录保留时间和峰面积，制作标准曲线。

记录 10μg·mL^{-1} 标准溶液峰的保留时间、半高峰宽或者峰底宽度。

6. 山楂制品的处理。用料理机将山楂制品打碎，再准确称取 5g 于 50mL 具塞量筒中，加 15mL 纯水，摇匀，再加 2.5mL 亚铁氰化钾溶液和 2.5mL 硫酸锌溶液，用水稀释至刻度，涡流振荡机上振荡 5min，静置 10min，取上清液，移入 10mL 具塞离心管里，然后放入离心机中，转速 5000r·min^{-1} 下离心 5min，取出后用 0.45μm 水系滤膜过滤，得澄清样品溶液。

7. 取 20μL 样品溶液进行分析，以相应峰面积计算含量。并按苯甲酸钠计算色谱柱效。

8. 依次用水冲洗（甲醇：水＝10∶90）、纯甲醇清洗色谱柱。按照顺序关机。

五、 数据处理

1. 记录 10μg·mL^{-1} 标准溶液峰的保留时间、半高峰宽或者峰底宽度。
2. 记录标准溶液和样品的峰面积，填入下表。

项目	标准样品					样品			
						1	2	平均	精密度
浓度 /μg·mL^{-1}	0.5	1	5	10	20	—	—	—	—
峰面积									

3. 计算色谱柱效。
4. 以浓度为横坐标，峰面积为纵坐标绘制标准曲线。再将样品的平均峰面积代入标准曲线，得出苯甲酸的浓度，再计算出山楂制品中苯甲酸钠的含量。

六、 注意事项

1. 实验前，需注意色谱基线是否走平。

2. 流动相使用前需过滤脱气。
3. 进样时不能将气泡带入。
4. 样品也需要过滤。
5. 流动相或样品需要用超纯水配制。

实验32　高效毛细管电泳法测定阿司匹林片中的水杨酸

一、实验目的

1. 掌握毛细管电泳法的基本原理、结构与使用方法。
2. 掌握紫外吸收光谱检测方法。
3. 掌握测定阿司匹林片中水杨酸含量的方法和原理。

二、实验原理

毛细管电泳又称高效毛细管电泳（high performance capillary electrophoresis，HPCE），通过施加10～40kV的高电压于充有缓冲液的毛细管中，实现对液体中离子或荷电粒子的高效、快速分离。现在，HPCE已广泛应用于氨基酸、蛋白质、多肽、低聚核苷酸、DNA等生物分子的分离分析、在药物分析、临床分析、无机离子分析、有机分子分析、糖和低聚糖分析及高聚物和粒子的分离分析中，HPCE也应用广泛。人类基因组工程（HGP）中DNA的分离测序就是用毛细管电泳仪进行的。

1. 仪器结构

毛细管电泳与高效液相色谱相比有较多的优点，其中之一是仪器结构简单（见图1）。它包括一个高压电源、一根毛细管、紫外检测器及计算机数据处理装置。另有两个供毛细管两端插入而又可和电源相连的缓冲液池。

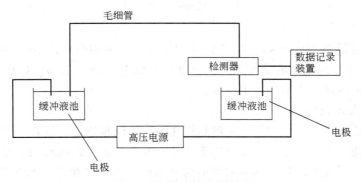

图1　毛细管电泳仪器装置

2. 分离原理

毛细管电泳原理如图2所示，毛细管中的带电粒子在电场的作用下，一方面发生定向移动的电泳迁移，另一方面，由于电泳过程伴随电渗现象，粒子的运动速度还明显受到溶液电渗流速度的影响。粒子的实际流速v是泳流速度v_{ep}和渗流速度v_{eo}的矢量和。即：

$$v = v_{ep} + v_{eo} \tag{1}$$

电渗是一种液体相对于带电的管壁移动的现象。溶液的这一运动是由硅/水表面的Zeta

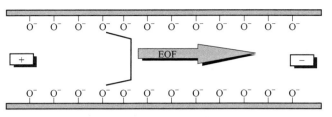

图 2 毛细管电泳原理

势引起的。毛细管电泳通常采用的石英毛细管柱表面一般情况下（pH＞3）带负电。当它和溶液接触时，双电层中产生了过剩的阳离子。高电压下这些水合阳离子向阴极迁移形成一个扁平的塞子流，如图2所示。毛细管管壁的带电状态可以进行修饰，管壁吸附阴离子表面活性剂增加电渗流，管壁吸附阳离子表面活性剂减少电渗流，甚至改变电渗流的方向。

毛细管区带电泳（CZE）也称自由溶液电泳，是 HPCE 中最基本也是应用最广的一种模式，它是基于分析物表面电荷密度的差别进行分离的。实验中，在毛细管和电解池中充以相同的缓冲液，样品用电迁移或流体动力学法从毛细管一端导入，加入电压后，样品离子在电场力驱动下以不同的泳动速度迁移至检测器端，形成不连续的移动区带分离出来。图3是不同电荷密度的阳离子到达检测端的信号。操作电压、缓冲液的选择及其浓度和 pH 值、进样的电压和时间等都是 CZE 操作的重要参量，合理优化选择柱温、分离时间、柱尺寸、进样和检测体积、溶质吸附和样品浓度等也将大大提高柱效。CZE 中还可通过改变电渗流的方向来选择分析待测的离子。

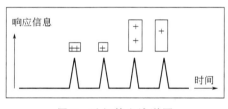

图 3 毛细管电泳谱图

3. 紫外检测

本实验的检测器是 UV/Vis。UV/Vis 通用性好，是使用最广泛的一种检测器。定量分析的依据是朗伯-比耳定律，定量方法可用标准曲线法等。由于毛细管内径很小，限制了光吸收型检测器的灵敏度，一般检测限不低于 $10^{-6}\ mol \cdot L^{-1}$。

4. 阿司匹林及水杨酸

阿司匹林（乙酰水杨酸）为一常用解热镇痛药，自问世以来的近百年里，一直是世界上最广泛应用的药物之一。近年来，又被用于预防心血管疾病。游离水杨酸是阿司匹林在生产过程中由于乙酰化不完全而带入或在贮存期间阿司匹林水解产生的。水杨酸对人体有毒性，刺激肠胃道产生恶心、呕吐。

阿司匹林　　水杨酸

三、仪器和试剂

仪器：毛细管电泳仪主要由以下五部分组成：高压电源、进样系统、毛细管柱、检测器和信号接收系统（计算机）；石英毛细管柱（50cm×50μm）；用来处理数据的 HW 色谱工作站；pHS-3C 数字酸度计（杭州东星仪器设备厂）；飞鸽牌离心机（上海安亭科学仪器厂）；超声波清洗器（宁波科生仪器厂生产）；超纯水仪器 A10（美国密理博公司生产）。

试剂：

（1）水杨酸（SA）、十水四硼酸钠、氢氧化钠、十二烷基硫酸钠（SDS）等，均为高纯试剂。

（2）阿司匹林、经过滤的水（由于 HPCE 用的毛细管内径多为 25~100μm，要求所有样品、缓冲液及冲洗液都必须经 45μm 微孔滤膜过滤）。

（3）缓冲液的配制：配制含 2mmol 的十水四硼酸钠和 4mmol 的十二烷基硫酸钠（SDS）的分离缓冲液，用 0.1mol·L^{-1} 的氢氧化钠将缓冲液调整 pH 值到 9.0。

（4）标准品的配制：配制浓度分别为 0.05mmol·L^{-1}、0.1mmol·L^{-1}、0.8mmol·L^{-1}、1.2mmol·L^{-1}、1.6mmol·L^{-1}、2mmol·L^{-1} 和 5mmol·L^{-1} 的水杨酸标准溶液。

（5）样品处理：将五片阿司匹林药片研碎成粉末，准确称量其质量，倒入烧杯中，加二次蒸馏水 30mL，搅拌后，在振荡器中振荡 10min。放入离心机，在 3500r·min^{-1} 转速下离心分离 10min，将上层清液转入 100mL 容量瓶中，定容。

四、实验步骤

1. 电泳条件

毛细管柱在使用前分别用 0.1mol·L^{-1} 的 NaOH 溶液、二次蒸馏水及缓冲液冲洗 3min 后，在运行电压下平衡 10min。以后每次进样前均用缓冲液冲柱，在运行电压下平衡 5min。本实验采用电迁移进样（10kV、5s）。高压端进样，低压端检测，20kV 的工作电压。检测波长为 214nm。

2. 水杨酸标准样品的测定

分别测定 0.05mmol·L^{-1}、0.1mmol·L^{-1}、0.8mmol·L^{-1}、1.2mmol·L^{-1}、1.6mmol·L^{-1}、2.0mmol·L^{-1} 和 5.0mmol·L^{-1} 的水杨酸标准溶液。每个浓度平行测三次。

3. 阿司匹林药片中水杨酸含量的测定

（1）取阿司匹林药品溶液，在上述的电泳条件下对样品溶液进行测定，平行测三次。

（2）把一定浓度的水杨酸加入样品溶液中，进行测定。

4. 数据采集

打开色谱工作站软件。把电压上升到 20kV，立即点击主界面的绿色图标——谱图采集，开始谱图采集。在进样之前把屏幕调到色谱工作站的主界面。点击主界面的红色图标——手动停止，可以停止谱图采集，然后将文件命名并保存在指定的文件夹中。

五、数据处理

1. 阿司匹林片中水杨酸的定性分析

打开水杨酸标准样品、阿司匹林样品、水杨酸与阿司匹林混合样品这三个谱图。点击窗口中的水平平铺。通过水杨酸样品与阿司匹林样品这两个谱图比较，能够确定阿司匹林样品中存在水杨酸。通过阿司匹林样品与水杨酸加阿司匹林样品这两个谱图比较，能够确定哪一个峰是水杨酸的峰。

2. 阿司匹林中水杨酸的定量分析

（1）水杨酸标准曲线的绘制。

（2）将样品中水杨酸峰面积的平均值代入峰面积-浓度方程，求得水杨酸的浓度。

六、思考题

1. 毛细管电泳仪的分离原理是什么？
2. 说明毛细管电泳法的特点及应用。

实验 33 毛细管电泳仪分离测定运动型饮料中苯甲酸钠

一、实验目的

1. 了解毛细管电泳仪（以安捷伦 7100 型为例）的结构及基本操作。
2. 了解毛细管电泳分离的基本原理。
3. 掌握色谱的基本定性、外标法的定量方法。

二、实验原理

苯甲酸钠是苯甲酸的钠盐，无味或略带安息香气味，在空气中十分稳定，易溶于水，由于比苯甲酸更易溶于水，所以比苯甲酸更常用于工业生产。但有研究表明，苯甲酸类具有叠加毒性作用，普遍已改用山梨酸盐作为防腐剂。

电泳指带电粒子在电场作用下做定向运动的现象。电泳有自由电泳和区带电泳两类，区带电泳是将样品加于载体上，并加一个电场。在电场作用下，各种性质不同的组分以不同的速率向极性相反的两极迁移。利用样品与载体之间的作用力的不同，并与电泳过程结合起来，以期得到良好的分离。因此，电泳又称电色谱。本实验通过使用毛细管电泳法对饮料中苯甲酸钠含量进行定性定量测量，得出了饮料中苯甲酸钠的含量。

三、仪器和试剂

仪器：Agilent 7100 型毛细管电泳仪；紫外检测器（波长 210nm）。

试剂：$1.0 mol \cdot L^{-1}$ 氢氧化钠溶液；$20 mmol \cdot L^{-1}$ pH=9.3 四硼酸钠溶液；雪碧滤液（脱气后经 $0.45 \mu m$ 滤膜过滤）；芬达滤液（脱气后经 $0.45 \mu m$ 滤膜过滤）。

四、实验步骤

1. 确定实验条件

打开计算机，等计算机启动完毕，打开毛细管电泳仪电源开关。设定操作条件后，分别在进样盘中放入相应的溶液：1. NaOH 溶液；2. 纯水；3. 空；4.～6. 四硼酸钠溶液；7. 空；8. 废液。

CE 平衡步骤：

第一步，设定入口为 1 号位置，出口为 8 号位置，冲洗 300s。

第二步，设定入口为 2 号位置，出口为 8 号位置，冲洗 300s。

第三步，设定入口为 6 号位置，出口为 8 号位置，冲洗 300s。

2. 样品制备

将雪碧、芬达倒入烧杯后放在超声波仪中超声脱气，去除饮料中溶解的空气以及大量二氧化碳气体。脱气后的雪碧、芬达溶液通过 0.45μm 的滤膜过滤后，转移至进样瓶中备用。

称量 0.2g 的苯甲酸钠，用 20g·L^{-1} 的 $NaHCO_3$ 溶液加热溶解于 10mL 容量瓶中，再从中移取 2.5mL 溶液至 50mL 容量管中定容作为母液。再分别从母液中移取 2mL、4mL、6mL、8mL、10mL 溶液至 25mL 容量瓶中定容。

3. 样品测定

（1）把苯甲酸钠标准溶液放置于进样盘 11、12、13、14、15 位置处测试，并获得保留时间及峰面积。

（2）将未知浓度的雪碧滤液、芬达滤液放置于进样盘 17、18 处测试，以获得此溶液中苯甲酸钠的保留时间及峰面积。

4. 关机

用纯水冲洗毛细管约 30min，观察基线平稳后，可在工作站上关闭电泳仪及检测器，然后关闭工作站，再依次关闭仪器电源及计算机电源。

五、数据处理

将获得的各标准溶液的实验结果，绘制峰面积-浓度标准曲线，再根据实验步骤 4 测得的值，从曲线上查出雪碧、芬达中苯甲酸钠溶液的实际浓度。

六、思考题

1. 毛细管电泳的分离原理是什么？
2. 色谱的定性依据是什么？还可以用其他什么方式定性？
3. 外标法属于什么定量方法，其优缺点是什么？

VI 综合实验

实验 34 核磁共振氢谱测定化合物的结构

一、实验目的

1. 了解核磁共振氢谱的基本原理和测试方法。
2. 初步掌握简单核磁共振氢谱谱图的解析技能。

二、实验原理

核磁共振（NMR）谱是分析和鉴定有机化合物结构的最有效手段之一。其基本原理如下：核自旋量子数 $I \neq 0$ 的原子核在外磁场的作用下只能有 $2I+1$ 个取向，每一个取向都可以用一个自旋磁量子数（m）来表示。^{1}H 核的 $I=1/2$，在外磁场中有两个取向，存在两个不同的能级，两能级的能量差 ΔE 与外磁场强度成正比。让处于外加磁场中的 ^{1}H 核受到一定频率的电磁波辐射，当辐射所提供的能量（$h\nu$）恰好等于 ^{1}H 核两能级的能量差（ΔE）时，^{1}H 核便吸收该频率电磁辐射的能量从低能级向高能级跃迁，改变自旋状态。这种现象就称为核磁共振。

由于 ^{1}H 核周围电子的运动将产生感应磁场，使得有机物分子中不同化学环境的 ^{1}H 核实际受到的磁场强度不同，导致产生共振吸收的电磁辐射的频率不同，这就是化学位移。不同化学环境中的质子其化学位移值相差很小，其绝对值的测量精度难以达到要求，而且用不同的仪器时，其值也有差别。为避免测量困难及使用方便，在实际工作中，使用一个与仪器无关的相对值表示。即以某一标准物质的共振吸收峰为标准，测出样品中各共振吸收峰与标样的差值，采用无因次的 δ 值表示

$$\delta = \frac{\nu_S - \nu_R}{\nu_0} \times 10^6$$

式中，ν_S 是指样品的共振频率；ν_R 是指标准物质四甲基硅烷（TMS）的吸收峰频率；ν_0 为核磁共振仪的频率。

四甲基硅烷（CH_3）$_4$Si（简称 TMS）具有沸点低、易汽化、易溶于有机溶剂、与试样无副作用和具有较大的共振吸收频率等特点，是最常用的标准物质。在核磁共振谱图上，四甲基硅烷的 δ 值为 0。

主要基团中 H 原子的化学位移见图 1。

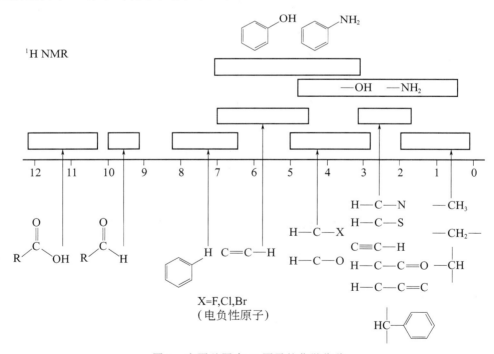

图 1　主要基团中 H 原子的化学位移

质子自旋产生的局部磁场，可通过成键的价电子传递给相邻碳原子上的氢，即氢核与氢核之间相互影响，使各氢核受到的磁场强度发生变化。或者说，在外磁场中，由于质子有两

种自旋不同的取向，因此，与外磁场方向相同的取向加强磁场的作用；反之，则减弱磁场的作用，即谱线发生了"分裂"。这种相邻的质子之间相互干扰的现象称为自旋偶合。该种偶合使原有的谱线发生分裂的现象称为自旋分裂。

受偶合作用而产生的谱峰裂分的数目，是由邻近原子核（磁性核）的数目决定的，即裂分峰数目等于 $2nI+1$，对质子而言，$I=1/2$，故裂分峰的数目等于 $n+1$。若同时受到两种以上不同基团质子的偶合作用，则裂分峰数目为 $(n+1)(n'+1)$。需要注意的是，这种处理是一种非常近似的处理，只有当相互偶合核的化学位移差值 $\Delta\nu \gg J$，才能成立。

裂分后各个多重峰中各裂分峰之间的距离，用偶合常数 J 来表示，它表示相邻质子间相互作用力的大小。随着基团结构的不同，J 值在 $1\sim 20\mathrm{Hz}$ 之间，如果质子与质子之间相隔四个或四个以上单键，相互作用力已很小，J 值减小到 1Hz 左右或为零；等价质子或磁全同质子之间也有偶合，但不裂分。

在 $^1\mathrm{H}$ NMR 谱图中有几组峰就表示样品中有几种类型的质子，每一组峰的强度，对应于峰的面积，并与这类质子的数目成正比。根据各组峰的面积比，可以推测各类质子的数目比。峰的面积用电子积分器测定，得到的结果在谱图上用积分曲线表示。积分曲线为阶梯形，各个阶梯的高度比表示不同化学位移的质子之比。

三、仪器和试剂

仪器：Bruker 500MHz 核磁共振谱仪（见图 2），NMR 样品管（直径 5mm，长 20cm）。

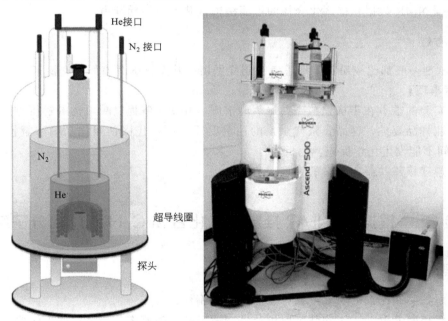

图 2 核磁共振谱仪的内部结构和外形

试剂：甲苯（分析纯）；乙酸乙酯（分析纯）；氘氯仿（分析纯）；四甲基硅烷（分析纯）等。

四、实验步骤

1. 样品的制备

在样品管中放入 2~5mg 样品，并加入 0.5mL 氘代试剂（如 $CDCl_3$）及 1~2 滴 TMS（内标），盖上样品管盖子。

2. 做谱

在老师的指导下，参照核磁共振谱仪说明书，学习测定有机化合物氢谱的基本操作方法。

3. 谱图解析

（1）由核磁共振信号的组数判断有机化合物分子中化学等价（化学环境相同）质子的组数；

（2）由各组共振信号的积分面积比推算出各组化学等价质子的数目比，进而判断各组化学等价质子的数目；

（3）由化学位移值推测各组化学等价质子的归属；

（4）由裂分峰的数目、偶合常数（J）、峰形推测各组化学等价质子之间的关系。对于一级氢谱，峰的裂分数符合 $n+1$ 规律（n 为相邻碳上氢原子的数目）；相邻两裂分峰之间的距离为偶合常数，反映质子间自旋偶合作用的强度，相互偶合的两组质子的 J 值相同；相互偶合的两组峰之间呈"背靠背"的关系，外侧峰较低，内侧峰较高。

五、数据处理

1. 记录实验结果，如化学位移 δ、相对峰面积、峰的裂分数及 J（Hz）值。
2. 根据 NMR 数据，推测化合物的可能结构，并说明推导理由。

六、思考题

氘代试剂一般都比较昂贵，请思考在制样做核磁共振测试时该如何选择氘代试剂？

【注意事项】

1. 本实验的重点在于认识核磁共振氢谱谱图，并初步掌握简单氢谱的解析方法。
2. 待测样品要纯，样品及氘代试剂的用量要适当；氘代试剂对样品的溶解性要好，而且与样品间不能发生化学反应。
3. 要遵守核磁共振实验室的管理规定。

实验 35　根据 ^1H NMR 推测有机化合物 $C_9H_{10}O_2$ 的分子结构

一、实验目的

1. 了解核磁共振谱的发展过程、仪器特点和流程。
2. 了解核磁共振波谱法的基本原理及脉冲傅里叶变换核磁共振谱仪的工作原理。
3. 掌握 AV300MHz 型核磁共振谱仪的操作技术。
4. 熟练掌握液体脉冲傅里叶变换核磁共振谱仪的制样技术。
5. 学会用 ^1H NMR 谱图鉴定有机化合物的结构。

二、实验原理

^1H NMR 的基本原理遵循的是核磁共振波谱法的基本原理。化学位移是核磁共振波谱

法直接获取的首要信息。由于受到诱导效应、磁各向异性效应、共轭效应、范德华效应、浓度、温度以及溶剂效应等影响，化合物分子中各种基团都有各自的化学位移值的范围，因此可以根据化学位移值粗略判断谱峰所属的基团。^{1}H NMR 中各峰的面积比与所含的氢原子的个数成正比，因此可以推断各基团所对应氢原子的相对数目，还可以作为核磁共振定量分析的依据。偶合常数与峰形也是核磁共振波谱法可以直接得到的另外两个重要的信息。它们可以提供分子内各基团之间的位置和相互连接的信息。根据以上的信息和已知的化合物分子式就可推测化合物的分子结构。

三、仪器和试剂

仪器：瑞士 Bruker 公司的 AV300 型核磁共振谱仪；ϕ5mm 的标准样品管。

试剂：TMS（内标）；$CDCl_3$（氘代氯仿）；未知样品 $C_9H_{10}O_2$。

四、实验步骤

1. 样品的配制

取 2mg 化合物（$C_9H_{10}O_2$）放入 ϕ5mm 核磁共振标准样品管中，再将 0.5mL 氘代氯仿也加入此样品管中（溶液高度最好在 3.5～4.0cm 之间），轻轻摇匀，等完全溶解后，方可测试。若样品无法完全溶解，也可适当加热或用微波振荡等致其完全溶解。

2. 测谱

（1）样品管外部用天然真丝布擦拭干净后再插入转子中，放在深度规中量好高度。

严格按照操作规程（此处操作失误有可能摔碎样品管，损害探头！）。按下"Lift on/off"键，此时灯亮。当听到计算机一声鸣叫，弹出原有的样品管（有样品管时），若无样品管时，能听到从孔穴中发出气流向上喷射的呼呼声，等待探头穴中向上的气流可以托住样品管时，方可将样品管放到探头穴口，放入样品管。立即再按一下"Lift on/off"键，使灯熄灭，样品管徐徐落下到位待测。

（2）样品管外部用天然真丝布擦拭干净后再插入转子中，放在深度规中量好高度（此处操作失误有可能摔碎样品管，损害探头！）。

（3）更换样品管。按下"Lift on/off"键，此时灯亮。几秒后，探头穴内发出气流声，计算机一声鸣叫，弹出原有的样品管（有样品管时），或者无样品管时从孔穴中发出气流向上喷射的呼呼声，等待探头穴中向上的气流可以托住样品管时，方可将样品管放到探头穴口；此时才能放入样品管。立即再按一下"Lift on/off"键，使灯熄灭，样品管徐徐落到指定位置待测。

（4）将仪器调节到可作常规氢谱的工作状态（调入一个成功的氢谱）。

（5）输入"edc"，建立一个新的实验数据文件。

（6）输入"lock"，点击所选溶剂（氘代试剂），即锁场。

（7）用匀场操作板中的转盘调匀场（学生只需调 Z_1 和 Z_2），调好后，按一下"STDBY"。

（8）输入"eda"，设置采样参数。

（9）输入"rga"自动设置接收机增益。

（10）当字幕上出现 finished 时，输入"zg"（开始采样）。

（11）等待采样完毕，输入"ef"（进行傅里叶变换）。

（12）输入"apk"（自动调相位），如果相位还不理想就要手动调节。

激活"$\sim$"在出现的窗口处用左键按住"0"上下移动，把最大峰的化学位移调好，按住"1"上下移动调试其他峰的化学位移，然后保存（手动调相位）。

（13）激活"⊥"把出现的红线调到和四甲基硅烷峰重合时点下左键，在出现的窗口处输入"0"后确认（定标）。

（14）激活"∫"后再点击"⌐"，按住左键从峰的左切点拖到峰的右切点，然后保存（积分）。

（15）用左键选中"Analysis"，再选中【pp】，把出现的窗口中的第三栏数字改为"1"，第五栏数字改为"8"，第四栏根据具体谱图的要求调到合适的数值，选"OK"（标出化学位移值）。

（16）输入"plot"（准备打印）。

（17）在出现的窗口处点击右键，依次选"Edit""1D Spectrum""ppm""Show Peak Labels""Show Integral Labels"最后确认。

（18）用右键点活打印框，选"1D/2D-Edit"，把吸收峰的高度调到合适的位置。

（19）把打印框调到合适的位置。

（20）打印。

五、谱图解析

核磁共振光谱是以样品分子中不同化学环境磁性原子核的吸收峰位置（化学位移）为横坐标，以测得吸收峰的相对高度（共振信号强度）为纵坐标所做的谱图。

谱图解析可以按以下几步进行。

（1）由分子式计算不饱和度。

（2）区分出杂质峰、溶剂峰和旋转边带。杂质峰与样品峰的面积没有简单的整数比。溶剂峰都有一个相对确定的化学位移值。旋转边带会随着测试样品转速的不同而不同。

（3）峰的位置——化学位移δ，它可提供质子的化学环境信息，即它是什么结构基团上的氢？该基团上可能有哪些取代基？某一个质子的吸收峰位置与参比物质（通常为四甲基硅烷）的吸收峰位置之间的差就是该质子的化学位移。在不同化学环境下的质子具有不同的化学位移，在相同化学环境下相同的质子具有相同的化学位移。

（4）峰面积——峰面积积分或积分线高度。它提供各个峰之间的质子数量与比例。

（5）信号分裂峰的个数和形状。它提供质子基团邻近的其他质子个数和分布。

（6）偶合常数。它提供两质子在分子结构中的相对位置。

图 1 是分子式为 $C_9H_{10}O_2$ 未知样品的 ^1H NMR 谱。

六、数据处理

将有关数据填入下表中。

峰的代号	化学位移	积分面积	质子数	峰形	结构式

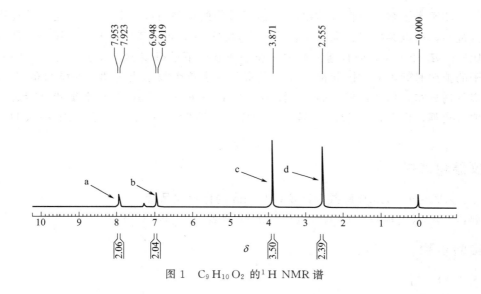

图 1　$C_9H_{10}O_2$ 的 ^{1}H NMR 谱

实验 36　利用 ^{13}C NMR 鉴定邻苯二甲酸二乙酯

一、实验目的

1. 掌握 ^{13}C NMR 的谱图特征、测试方法以及制样技术。
2. 复习和巩固 AV 300MHz 核磁共振谱仪的基本操作技术，做出该物质的 ^{13}C NMR 谱图。
3. 了解个别重要采样参数对测谱机理和谱图结果的影响。
4. 了解化学位移产生的原因及影响因素，化学等同和磁等同的概念。

二、实验原理

^{13}C NMR（有时也用 CMR 表示）谱的原理与 ^{1}H NMR 谱的原理基本相同。自然界中具有磁矩的元素的同位素有 100 多种，但到目前为止，除 ^{1}H NMR 谱以外，研究最多、应用最广泛的就是 ^{13}C NMR 谱了。有机化合物中的碳原子构成了有机物的骨架，因此观察和研究碳原子的信号对研究有机物意义重大。

最常见的 ^{13}C NMR 谱采用全去偶方法，每一种化学等价的碳原子只有一条谱线。原来被氢偶合分裂的几条谱线并为一条，谱线强度增加。由于 ^{13}C 和 ^{1}H 的物理性质不同（天然丰度、磁旋比等），使得 ^{13}C NMR 谱具有与 ^{1}H NMR 谱不同的特点。虽然 ^{13}C 的天然丰度仅为 1.1%，在核的个数相同时相对灵敏度只有 ^{1}H 核的 1/6400，信号比较弱，检测时间比 ^{1}H 长才能得到一张信噪比较好的谱图，但 ^{13}C 的化学位移范围为 0～240，而 ^{1}H 的化学位移范围只有 0～15，^{13}C NMR 谱分辨率比 ^{1}H NMR 谱高，而且还能够检测到羰基、氰基和季碳的信号；由于 ^{13}C 的天然丰度只有 1.1%，所以一般不考虑化合物中 ^{13}C-^{13}C 的偶合。而碳原子常与氢原子连接并且可以相互偶合，偶合常数一般在 125～250Hz，这种偶合在 ^{13}C NMR 谱中是最常见的，所以不去偶的 ^{13}C NMR 谱，谱线叠加现象多，很难识别，因而常规碳谱都是去偶的,便于谱图解析。在 ^{1}H NMR 中由于质子的弛豫时间(T_1)小,通常是在平衡条件下进行观测,所以共振峰的强度与它的质子数成正比,可用于定量分析。^{13}C NMR 谱的弛豫时间比 ^{1}H NMR 谱长,而且通常都是在非平衡条件下进行观测,又由于各种不同基团上的碳原子的弛豫时间不同,因而谱峰强度经常与原子核个数不成正比。季碳核的 T_1 最大,最易偏离平衡分布,信号最弱。而 T_1 较小的 CH_2 碳核的能级分布和平衡状态接近,相应的共振信号较强,所以,^{13}C 核的信号强度顺序与弛豫时间(T_1)相反:$CH_2 \geqslant CH \geqslant CH_3 > C$。

三、仪器和试剂

仪器:AVANCE300 核磁共振谱仪;ϕ5mm 的标准样品管。

试剂:TMS(内标);$CDCl_3$(氘代氯仿);样品($C_{12}H_{14}O_4$)。

四、实验步骤

1. 样品的配制

溶剂与内标的选定与实验 35 相同。

取几十毫克(分子量大的化合物需要的样品量多)待测样品(30g 的 $C_{12}H_{14}O_4$),放入 ϕ5mm 核磁共振标准样品管中,再将 0.5mL 氘代氯仿也加入此样品管中,轻轻摇匀,即可。

2. 测谱

(1) 样品管外部用天然真丝布擦拭干净后再插入转子中,放在深度规中量好高度。

严格按照操作规程(此处操作失误有可能摔碎样品管,损害探头!)。按下"Lift on/off"键,此时灯亮。当听到计算机一声鸣叫,弹出原有的样品管(有样品管时),若无样品管时,能听到从孔穴中发出气流向上喷射的呼呼声,等待探头穴中向上的气流可以托住样品管时,方可将样品管放到探头穴口,放入样品管。立即再按一下"Lift on/off"键,使灯熄灭,样品管徐徐落下到位待测。

(2) 样品管外部用天然真丝布擦拭干净后再插入转子中,放入深度规中量好高度(此处操作失误有可能摔碎样品管,损害探头!)。

(3) 更换样品管。按下"Lift on/off"键,此时灯亮。几秒后,探头穴内发出气流声,计算机一声鸣叫,弹出原有的样品管(有样品管时),或者无样品管时从孔穴中发出气流向上喷射的呼呼声,等待探头穴中向上的气流可以托住样品管时,方可将样品管放到探头穴口;此时才能放入样品管。立即再按一下"Lift on/off"键,使灯熄灭,样品管徐徐落到指定位置待测。

(4) 将仪器调节到可作常规碳谱的工作状态(调入一个成功的碳谱)。

(5) 输入"edc",建立一个新的实验数据文件。

(6) 输入"lock",点击所选溶剂(氘代试剂),即锁场。

(7) 用匀场操作板中的转盘调匀场(学生只需调 Z_1 和 Z_2),调好后,按一下"STDBY"。

(8) 输入"eda",设置采样参数。

(9) 输入"rga",自动设置接收机增益。

(10) 当字幕上出现"finished"时,输入"zg"(开始采样)。

(11) 等待采样完毕,输入"ef"(进行傅里叶变换)。

(12) 输入"apk"(自动调相位),如果相位还不理想,就要手动调节。

激活 "﹏"，在出现的窗口处用左键按住 "0" 上下移动，把最大峰的化学位移调好，按住 "1" 上下移动调试其他峰的化学位移，然后保存（手动调相位）。

(13) 激活 "⋏"，把出现的红线调到和四甲基硅烷峰重合时点下左键，在出现的窗口处输入 "0" 后确认（定标）。

(14) 用左键点击 "Analysis"，再点击 "pp"，把出现的窗口中的第三栏数字改为 "1"，第五栏数字改为 "8"，第四栏根据具体谱图的要求调到合适的数值，选 "OK"（标出化学位移值）。

(15) 输入 "plot"，准备打印。

(16) 在出现的窗口处点击右键，依次选 "Edit" "1D Spectrum" "ppm" "Show Peak Labels" 最后确认。

(17) 用右键激活打印框，选 "1D/2D-Edit"，把吸收峰的高度调到合适的位置。

(18) 把打印框调到合适的位置。

(19) 打印。

五、 谱图解析

碳谱可以分为定量碳谱和非定量碳谱。常规碳谱都是非定量碳谱，它可以提供如下信息。

(1) **碳峰个数** 由碳峰个数与已知分子中碳原子个数的比较可知：①当碳峰个数＝碳核个数时，每一个碳峰代表一个碳核，分子结构中不含有任何对称的碳基团单元；②当碳峰个数＜碳核个数时，分子中存在对称性碳基团；③如果碳峰个数＞碳核个数时，说明 a. 纯净物的样品分子结构存在同分异构现象，如烯酮式结构与烯醇式结构，及光学异构现象，如左、右旋光性等；b. 分子结构中存在 F、P、Pt 等元素，这些元素原子对碳核信号具有的自旋-自旋偶合裂分使碳共振峰个数增加；c. 此样品本身不是纯净物而是混合物。

(2) **峰强** 尽管常规碳谱的峰强（峰面积）不定量，但还是具有一定的规律性：季碳（$C=O$、$C=$、$-C\equiv$、C 等）峰强显著偏低，因为季碳获得的 NOE 大大少于连氢碳获得的 NOE（但反过来并不能说连氢越多的碳获得的 NOE 越多）。同为连氢碳，对称结构中的 2 个碳（如异丙基中 CH_3）或 3 个碳（如戊丁基中的 CH_3）峰强近似于其他 1 个碳的峰强的 2 或 3 倍。苯环碳中，对称位置的 2 个 CH 等碳的峰强基本上是非对称位置 CH 芳碳的 2 倍。

(3) **分析各峰的 δ_C** 化学位移值与碳原子的杂化情况（sp、sp^2、sp^3 杂化）、核外电子密度、碳原子上取代基的种类和推拉电子的能力等因素密切有关。由于涉及因素较多，详细请见相关讲义或教科书。从碳原子种类的模糊界限入手，δ_C 大致可分为：羰基碳 210～150，芳烯碳 150～80，取代碳（取代基主要是 O、N 和卤素）80～40，饱和碳（包括其他较温和取代基）45～0。由于 δ_C 分布较宽，由实验总结的 δ_C 经验计算加和公式对单取代基都有较好的近似性，二取代也尚可应用。多取代时计算误差也随之加和。一般解析程序可以是由碳原子个数写出所有可能的同分异构体结构，先经过对由碳峰数判断的可能的对称单元的筛选，再经过由 δ_C 值模糊界限判断的碳类型筛选，剩下的由 δ_C 经验计算进行检验和排查，计算值和实测值误差＜2 时，可以采信；＜4 时，不能否定；＞6 时可以否定。由碳的化学位移判断分子骨架结构。对一个碳采信后，继续这个分子结构的其他碳的计算验证，直到全部碳核的计算值和实测值都较吻合，才有可能是最终解析结果。最终的一个或难以取舍的几个分子结构,可以通过检索标准谱图对照,加以确定。复杂分子结构的测定一般要借助氢谱、碳 DEPT 谱(45°、90°、135°),甚至 HH-COSY、CH-COSY、HC-COSY、远程CH-COSY 等等多脉冲谱。图 1 是分子式为 $C_{12}H_{14}O_4$ 未知样品的 ^1H NMR 谱。

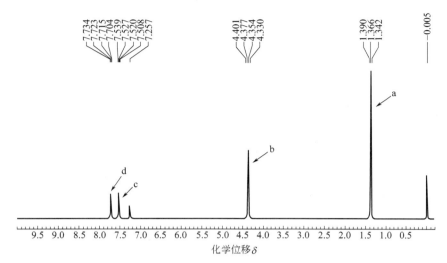

图 1　$C_{12}H_{14}O_4$ 的 ^1H NMR 谱图

图 2 是分子式为 $C_{12}H_{14}O_4$ 未知样品的 ^{13}C NMR 谱。

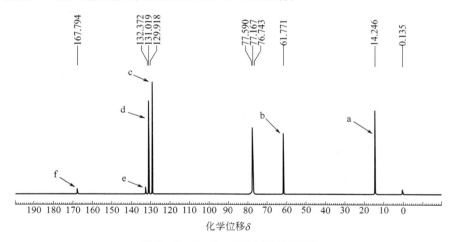

图 2　$C_{12}H_{14}O_4$ 的 ^{13}C NMR 谱图

六、数据处理

将有关数据填入下表中:

峰的代号	化学位移	峰的个数	结构式

七、思考题

1. 高磁场的核磁共振谱仪和低磁场的核磁共振谱仪测出的谱有什么区别？
2. 配制样品时为什么要加氘代试剂？怎样选择氘代试剂？
3. 为什么有时同一个碳上的两个质子会有不同的化学位移？
4. 检测含有活泼氢的化合物时不能用哪些氘代试剂？

【注意事项】

1. 装有心脏起搏器及金属假肢的人必须远离磁体（至少 4～6m），因为强磁场会使起搏器工作失灵，危及生命安全。
2. 严格按照操作程序进行操作，实验过程中未使用到的命令不能乱动。
3. 严禁将磁性物体带到磁体附近，尤其是探头区。
4. 样品管的插入与取出，务必小心谨慎，切忌折断或碰碎在探头中，造成事故。
5. 样品管外壁应擦拭干净，用深度规测量高度时力求做到准确无误，以保证样品在磁体中心的位置。

实验 37　质谱法测定化合物的结构

一、实验目的

1. 了解质谱分析的基本原理和测试方法。
2. 初步掌握利用质谱图推测化合物结构的基本技能。

二、实验原理

质谱法是利用电磁学原理，采用高速电子束撞击气态分子，将分解出的阳离子加速导入质量分析器中，然后按质荷比（m/z）的大小顺序进行收集和记录，即得到质谱图，根据质谱图峰的位置，可以进行定性和结构分析；根据峰的强度，可以进行定量分析。

根据质量分析器的工作原理，可将质谱仪分为动态仪器和静态仪器两大类，静态质谱仪的质量分析器为稳定的电磁场，它是按照空间位置将 m/z 不同的离子分开；动态质谱仪的质量分析器则采用变化的电磁场，按照时间和空间区分不同 m/z 的离子。如由单聚焦和双聚焦质量分析器组成的质谱仪，属于静态质谱仪；而飞行时间和四极滤质器组成的质谱仪，属于动态质谱仪。在一张质谱图中，可得到许多峰，这些峰的位置与相对强度除与分子结构有关外，还与离子化电位、样品所受压力和仪器结构有关。质谱峰可归纳为以下几种：分子离子峰、碎片离子峰、重排离子峰、同位素离子峰、亚稳离子峰及多电荷离子峰。

各种化合物在一定能量的离子源中是按照一定规律进行裂解而形成各种碎片离子的，表现为一定的质谱图，所以可根据裂解后形成的各种离子峰鉴定物质的组成和结构。

三、仪器和试剂

仪器：质谱仪（电子轰击离子源）。

试剂：酮标样（优质纯或提纯）；未知试样。

四、实验步骤

1. 在教师指导下进一步熟悉单聚焦质谱仪的工作原理（见图1），并按操作规程使质谱仪正常工作，调节至合适的实验参数。
2. 对酮标样、未知试样分别进样检测，记录质谱图。

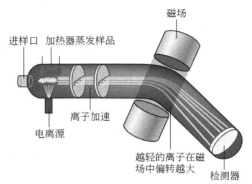

图1　质谱仪及其分离带电荷分子碎片原理

五、数据处理

1. 根据酮的质谱图，将各离子峰的特征归纳至下表：

质荷比 m/z	相应的离子	相应的离子	离子特征或产生的裂解过程

2. 总结未知化合物的各离子峰特征与标准质谱图比较判断未知物的结构。

六、思考题

有一束含有各种不同 m/z 值的离子在一个具有固定狭缝位置和恒定电位的质谱仪中产生，磁场 H 慢慢地增加，首先通过狭缝的是最低还是最高 m/z 值的离子？为什么？

【注意事项】
1. 质谱仪属大型精密仪器，实验中应严格按操作规程进行操作，以防损坏仪器。
2. 仪器在未达到规定的真空度之前，禁止开机进行操作。

实验38　X射线衍射对物质结构分析

一、实验目的

1. 熟悉 Philips PI-122 型射线衍射仪的基本结构和工作原理。
2. 基本掌握样品测试过程。
3. 基本掌握利用衍射图进行物质结构分析的方法。

二、实验原理

将具有一定波长的 X 射线照射到结晶性物质上时，X 射线因在结晶内遇到规则排列的原子或离子而发生散射，散射的 X 射线在某些方向上相位得到加强，从而显示与结晶结构相对应的特有的衍射现象。

三、 仪器和试剂

仪器：Bruker X 射线粉末衍射仪（见图 1 和图 2）。

试剂：无机盐。

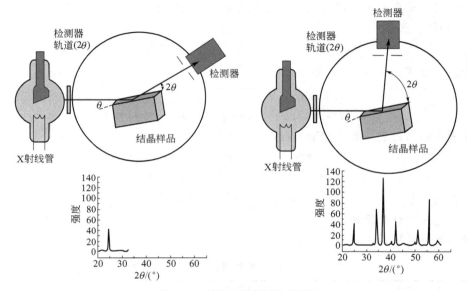

图 1　X 射线衍射原理和谱图

图 2　X 射线衍射仪及其结构

四、数据处理

1. 通过衍射线的方向求出晶胞的形状与大小。
2. 由化学分析数据确定化学式，测定晶体密度和晶胞参数。
3. 由晶体的宏观对称性和衍射线的系统消光确定晶体所属的空间群。
4. 根据空间群和衍射强度数据，结合晶胞中的原子种类和数目，确定原子的位置。

下面以立方晶系粉末相举例说明，立方晶系粉末相的指标化。

立方晶系：
$$d_{h^*k^*l^*} = a/\sqrt{h^{*2}+k^{*2}+l^{*2}}$$

用布拉格公式 $2d\sin\theta = n\lambda$ 代入：
$$2a\sin\theta/\sqrt{h^{*2}+k^{*2}+l^{*2}} = n\lambda$$
$$\sin^2\theta = (\lambda/2a)^2 (n^2h^{*2}+n^2k^{*2}+n^2l^{*2})$$

因晶面指数与衍射指数有如下关系：
$$h = nh^*,\ k = nk^*,\ l = nl^*$$

故
$$\sin^2\theta = (\lambda/2a)^2 (h^2+k^2+l^2)$$

晶格常数：
$$a = \lambda\sqrt{h^2+k^2+l^2}/2\sin\theta$$

根据结构因子计算得知：＿＿＿＿＿＿

系统消光条件见表1。

表1 系统消光条件

空间晶格类型	反射条件	消光条件
简单晶格 P	全部	无
面心晶格 F	h,k,l 全奇或全偶	h,k,l 奇偶混杂
体心晶格 I	$h+k+l$ 为偶数	$h+k+l$ 为奇数
底心晶格 C	$h+k$ 为偶数	$h+k$ 为奇数

把 θ 从 $0°$ 到 $90°$ 排列，然后算出 $\sin^2 q$，求出 $\sin^2 q$ 的连比来确定晶格类型。

简单晶格：1∶2∶3∶4∶5∶6∶8∶9∶10∶11∶12∶13∶14∶16∶17⋯
面心晶格：3∶4∶8∶11∶12∶16∶19∶20⋯
体心晶格：1∶2∶3∶4∶5∶6∶7∶8∶9∶10∶11⋯

例如 GaN 的结构分析：

有一物相其化学成分及含量分析为 Ga 51%，N 48%，化学式量可写为 GaN。X 射线粉末衍射数据如表2所示。

表2 X射线粉末衍射数据

线条	$\sin^2\theta$	$h^2+k^2+l^2$	hkl	实验强度
1	0.0934	3	111	999
2	0.1246	4	200	296
3	0.2492	8	220	313
4	0.3427	11	311	230
5	0.3738	12	222	45
6	0.4985	16	400	31

从上表得知此物相是面心立方结构。

求出晶格常数 $a = 4.364$，测得样品密度 $D = 6.691$，$M_{Ga}+M_N = 83.730$，则

$$D = (83.730n) \div [6.032 \times 10^{23} \times (4.364)^3 \times 10^{-24}]$$

晶胞式量 $n = 4.00$

在面心立方晶格中，晶胞式量为 4 的结构只有两种，即 NaCl 型与 ZnS 型，它们的衍射情况如表 3 所示。

表 3　GaN 和 ZnS 的衍射角度

序号	hkl	NaCl	ZnS
1	111	弱	强
2	200	强	弱
3	220	强	强
4	311	弱	强
5	222	强	弱
6	400	强	强
7	331	弱	强
8	420	强	弱
9	422	强	强
10	311,511	弱	强

从表 3 很容易看出 GaN 的衍射强度与 ZnS 符合得较好，因为立方 ZnS 型 $h+k+l = 4n+2$ 时，线条为弱线条。因此在晶胞中 Ga 原子与 N 原子的位置为：

Ga (0　0　0)，(1/2　1/2　0)，(1/2　0　1/2)，(0　1/2　1/2)，
N (1/4　1/4　1/4)，(3/4　3/4　1/4)，(3/4　1/4　3/4)，(1/4　3/4　3/4)

四方、六方与单斜线条要比立方复杂得多，这里不一一说明。

五、思考题

1. X 射线在晶体中衍射的二要素是什么？
2. 晶面指数是否等于衍射指数，它们之间的关系是什么？
3. 劳埃方程与布拉格方程解决什么问题？它们本质是否相同？
4. 如何从一种晶体的 X 射线多晶衍射图上判别是立方还是四方？
5. 衍射线宽化是由哪些因素引起的？

实验 39　X 射线荧光光谱法分析水泥中的化学成分

一、实验目的

1. 掌握 X 射线荧光光谱分析方法的压片制样技术，了解校准曲线的绘制方法。
2. 掌握能量色散型 X 射线荧光光谱仪测定水泥中的 MgO、Al_2O_3、SiO_2、SO_3、K_2O、CaO、TiO_2 及 Fe_2O_3 8 种成分的含量。

二、实验原理

在真空中以高速电子轰击靶材产生了 X 射线，当 X 射线（原级 X 射线）照射到样品上时，将样品中原子的内层电子逐出，这时原子就变成激发态，激发态不稳定，原子中的外层电子向内层空位跃迁填补了空位，原子从激发态恢复到了稳定态，同时辐射出 X 射线，称之为特征 X 射线，其能量等于外层能级和产生空位的内层能级的能量之差。每一个原子的特征 X 射线的能量是特定的，因此可以根据特征 X 射线的能量来判断是何元素，同时可以根据 X 射线的强度与元素浓度之间的对应关系来测量该元素的浓度。

采用压片制样方法制备水泥样片，测量出待测元素特征谱线的 X 射线荧光光谱强度，根据待测元素的 X 射线荧光光谱强度与待测元素含量之间的定量关系，选用回归方程及数学校正模式，计算出待测元素的含量。

X 射线荧光仪及其内部结构见图 1，不同元素的 X 射线荧光峰见图 2。

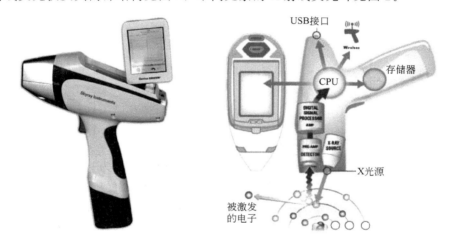

图 1　X 射线荧光仪及其内部结构

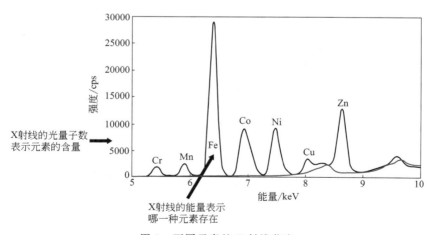

图 2　不同元素的 X 射线荧光

三、仪器和试剂

仪器：能量色散型 X 射线荧光光谱仪，型号：S2 Ranger，钯靶 X 射线管，功率50kW，德国 Bruker AXS 公司制造。仪器的测量条件见表1。

表 1　X 射线荧光光谱仪的测量条件

测量元素	电压/kV	电流/μA	滤光片	测量时间/s
Mg、Al、Si、S、K、Ca、Ti、Fe	20	130	PET	200

试剂：水泥标准样品及试样（过 100 目，在 105℃下干燥 2h）；无水乙醇（分析纯）。

四、实验步骤

1. 样品制备

称取标准样品或试样 20.0g±0.1g，加 6 滴乙醇，放入振动磨中研磨 2min。采用手动压片机将样品压制成片，压力 30tf，保压 20s。

2. 测量

按所定的测量条件测定 5 个以上校准样品的特征谱线强度。

五、数据处理

1. 校准曲线的绘制

用随机分析软件 Spectra^{EDX} 中的理论 α 影响系数法进行回归及基体效应的校正，见下式。

$$c_i = slope \times I_i \times (1 + \sum \alpha_{ij} \times c_j) + offset \cdots\cdots \quad (1)$$

式中，c_i、c_j 为测量元素和影响元素的浓度；$slope$、$offset$ 分别为校准曲线的斜率和截距；I_i 为测量元素的 X 射线荧光强度；α_{ij} 为影响元素对测量元素的理论 α 影响系数。

2. 精密度试验

用所建立的水泥校准曲线测量水泥试样，对同一水泥试料片重复测量 11 次，得仪器精密度，填入表 2。

表 2　仪器测量精密度　　　　　　　　　　　　　　　　　单位：%

测量次数	MgO	Al$_2$O$_3$	SiO$_2$	SO$_3$	K$_2$O	CaO	TiO$_2$	Fe$_2$O$_3$
1								
2								
3								
4								
5								
6								
7								
8								
9								
10								
11								
平均值								
标准偏差								
相对标准偏差								

六、思考题

1. 国家标准（GB/T 19140—2003）中，MgO、Al_2O_3、SiO_2、SO_3、K_2O、CaO、TiO_2、Fe_2O_3 8 个成分的分析允许差是多少？
2. X 射线荧光光谱法分析水泥样品时，为什么要研磨样品？

实验 40　高效液相色谱法测定胶水中苯、甲苯、萘、联苯的含量

一、实验目的

1. 了解高效液相色谱仪的基本结构和使用方法。
2. 了解反相高效液相色谱法的原理和应用。
3. 掌握用保留值定性及外标法色谱定量方法。

二、实验原理

流动相为液体的色谱称为液相色谱。经典的液相色谱由于大多在常压下操作，应用极为有限。高效液相色谱法是在经典液相色谱的基础上，根据色谱法理论，在技术上采用高压液泵、高效色谱柱和高灵敏度的检测器发展起来的一种仪器分析方法，具有准确、快捷、方便等优点，广泛地应用于化工、医药、食品、环保、科研等各个领域。液相色谱按分离机制不同，可分为液固吸附、液液分配、离子交换及空间排阻等几种类型。本实验属液液分配色谱。液液分配色谱是根据样品各组分在不相溶的两相间分配系数的不同而实现分离的。流动相为有机溶剂、水或有机溶剂-水等混合溶剂，固定相是由固定液（如十八烷、聚乙二醇）涂渍在惰性载体或通过化学反应键合到硅胶表面上而组成的，它与流动相互不相溶，且有一明显分界面。当样品溶于流动相后，经色谱柱在两相间进行分配，待分配达到平衡时，样品组分的分配服从于下式：

$$k = c_s/c_m = k' V_m/V_s \tag{1}$$

式中，k 是分配系数；k' 为分配比；c_s 和 c_m 分别是组分在固定相和流动相中的浓度；V_s 和 V_m 分别表示色谱柱中固定相和流动相的体积。k 值除与组分的性质、固定相及流动相的性质有关外，还与温度、压力有关。在一定条件下，k 值的大小反映了组分分子与固定液分子间作用力的大小，k 值大，说明组分与固定相的亲和力大，即组分在柱中滞留的时间长，移动速度慢。分离顺序决定于分配系数的大小，分配系数相差越大，越容易实现分离。

根据所选用的流动相与固定相相对极性不同，液液分配色谱又分为两类：固定相的极性大于流动相的极性，称为正相分配色谱；固定相的极性小于流动相的极性，称为反相分配色谱。化学键合固定相反相高效液相色谱中，流动相较简单，一般由甲醇-水、乙腈-水、乙腈-水-盐或甲醇-水-盐等体系构成，流动相的有机溶剂浓度、pH 值和盐浓度的变化，可以改善洗脱强度，提高分离效果，所以，化学键合相反相 HPLC 色谱应用非常广泛，适于分离几乎所有类型的化合物。

三、仪器和试剂

仪器：岛津 LC-10A 高效液相色谱仪；超声波清洗器；色谱柱（C_{18}）；微量注射器

（50μL）。

试剂：甲醇（HPLC级）；苯（分析纯）；甲苯（分析纯）；萘（分析纯）；联苯（分析纯）。

四、实验步骤

1. 启动色谱仪，色谱条件如下。
色谱柱：Shim-Pack ZORBAX，C_{18}：4.6mm×15cm。
流动相：甲醇：水＝80：20（超声30min脱气）。
进样量：20.0μL。
检测器：UV，检测波长254nm。
灵敏度：0.02～0.2AUFS。
2. 溶液的配制
（1）储备溶液的配制　准确称取苯2.000g、甲苯2.000g、萘2.000g、联苯1.000g，分别置于4个100mL容量瓶中，用甲醇溶解后，定容至刻度。
（2）标准溶液的配制　根据实验需要，准确吸取一定量的储备液，分别配制成含苯400μg·mL^{-1}、甲苯400μg·mL^{-1}、萘400μg·mL^{-1}、联苯200μg·mL^{-1}的标准溶液。
3. 基线走稳后，分别注入苯、甲苯、萘或联苯的标准溶液20.0μL，记录各物质的色谱峰。记下各组分的保留时间和峰面积。
4. 注入待测样品溶液20.0μL，记下各组分的保留时间和峰面积。
5. 实验完毕，按要求关好仪器。

五、数据处理

1. 根据保留值定性
同一物质，在同一色谱条件下，由于在色谱柱中的保留值是一定的，所以，出峰的时间也是一定的（仅适用于标准比较法），因此可以利用保留时间进行定性。
2. 根据峰面积定量
在一定条件下，被测组分的浓度与检测器给出的响应信号（如峰面积、峰高）成正比。

$$试样浓度 = \frac{试样峰面积}{标准峰面积} \times 标准溶液浓度$$

六、思考题

1. 用作高效液相色谱流动相的溶剂使用前为什么要脱气？
2. 色谱定性和定量分析的依据是什么？
3. 外标法色谱定量的优点及实验中应注意哪些事项？
4. 根据分离所得的色谱图，解释不同组分之间分离差别的原因。

【注意事项】
1. 用注射器吸样时，不能有气泡。
2. 若用缓冲溶液作流动相，实验完毕，必须先用水充分清洗，再用甲醇充分清洗，防止盐析出磨损泵头、堵塞输液室等。

实验 41　差热与热重分析研究 $CuSO_4 \cdot 5H_2O$ 的脱水过程

一、实验目的

1. 掌握差热分析法和热重法的基本原理和分析方法，了解差热分析仪、热重分析仪、差热热重联用仪的基本结构，熟练掌握仪器操作。
2. 运用分析软件对测得数据进行分析，研究 $CuSO_4 \cdot 5H_2O$ 的脱水过程。

二、实验原理

1. 差热分析法

物质在受热或冷却过程中，当达到某一温度时，往往会发生熔化、凝固、晶型转变、分解、化合、吸附、脱附等物理或化学变化，并伴随着焓的改变，因而产生热效应，其表现为体系与环境（样品与参比物）之间有温度差。差热分析是在程序控温下测量样品和参比物的温度差与温度（或时间）的相互关系。在加热（或冷却）过程中，因物理-化学变化而产生吸热或者放热效应的物质，均可运用差热分析法进行鉴定。

2. 热重法

物质受热时，发生化学反应，质量也随之改变，测定物质质量的变化就可研究其过程。热重法（TG）是在程序控制温度下，测量物质质量与温度关系的一种技术。

热重法的主要特点是定量强，能准确地测量物质的变化及变化的速率。从热重法派生出微商热重法（DTG），即 TG 曲线对温度（或时间）的一阶导数。DTG 曲线能精确地反映出起始反应温度，达到最大反应速率的温度和反应终止温度。在 TG 曲线上，对应于整个变化过程中各阶段的变化互相衔接而不易分开，同样的变化过程在 DTG 曲线上能呈现出明显的最大值，故 DTG 能很好地显示出重叠反应，区分各个反应阶段，而且 DTG 曲线峰的面积精确地对应着变化了的质量，因而 DTG 能精确地进行定量分析。

现在发展起来的差热-热重（DTA-TG）联用仪，是将 DTA 与 TG 的样品室相连，在同样气氛中，控制同样的升温速率进行测试，同时得到 DTA 和 TG 曲线，从而一次测试得到更多的信息，对照进行研究。

水合硫酸铜俗称胆矾，它是一种蓝色晶体，在不同的温度下可以逐步脱水。

❖ $CuSO_4 \cdot 5H_2O \xrightarrow{48℃} CuSO_4 \cdot 3H_2O + 2H_2O$

❖ $CuSO_4 \cdot 3H_2O \xrightarrow{99℃} CuSO_4 \cdot H_2O + 2H_2O$

❖ $CuSO_4 \cdot H_2O \xrightarrow{218℃} CuSO_4 + H_2O$

其热重图如图 1 所示。

无水硫酸铜是白色粉末，本实验是将已知质量的水和硫酸铜加热，除去所有的结晶水后称重，便可计算出水和硫酸铜中结晶水的数目。

三、仪器和试剂

仪器：DTA-50 型差热分析仪（日本精工公司）；TGA-50 热重分析仪；DTG60H 差热-热重联用仪；FC60A 气体流量控制器；TA-60WS 工作站；电子天平等。

试剂：待测样品 $CuSO_4 \cdot 5H_2O$；参比物 Al_2O_3。

四、实验步骤

1. 差热分析（DTA）

（1）通水通气　接通冷却水，开启水源使水流畅通，保持冷却水流量 $300mL \cdot min^{-1}$ 以上，根据需要在通气口通入保护气体，将气瓶出口压力调节到 $0.59 \sim 0.98MPa$。

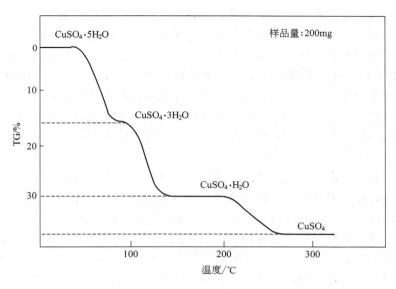

图 1　$CuSO_4 \cdot 5H_2O$ 热重分析图

(2) 开机　依次打开专用变压器开关、DTA-50 开关及 TA-60WS 工作站开关,同时开启计算机开关和打印机开关。

(3) 调节气体流量　将仪器左侧流量控制钮旋至 $25 \sim 50 mL \cdot min^{-1}$。

(4) 称量及放样　用电子天平称 10mg 样品后放入坩埚内,在另一只坩埚内放入适量参比物(大致比例:试样为无机物时,试样与参比物为 1∶1;试样为有机物时,试样与参比物为 1∶2),将两只坩埚轻轻敲打颠实,按 DTA-50 控制面板键,炉子升起,将试样坩埚放在检测支持器右皿,将参比物坩埚放在左皿,按键放下炉子。

(5) 参数设定　计算机屏幕上进入 TA-60WS Collect 界面,点击 DTA-50,点击 Measure,输入升温速率,终止温度;进入 PID Parameters,确定 P,10;I,10;D,10;进入 Sampling Parameters,确定 Sampling Time:10;进入 File Information,依次输入测量序号、样品名称、质量、分子量、坩埚名称、气氛、气体流速、操作者姓名。检查计算机输入的参数,单击"确认"。

(6) 测量　回到 Measure,点击 Start,测量开始。当试样达到预设的终止温度时,测量自动停止。

(7) 关机　等炉温降下来再依次关 TA-60WS 工作站开关、DTA-50 开关、专用变压器开关,关冷却水,关气瓶(为保护仪器,注意炉温在 500℃ 以上不得关闭 DTA-50 主机电源)。

(8) 数据分析　进入分析界面(Analysis),打开所做测量文件,由所测样品的 DTA 曲线,选择项目进行分析,如切线(Tangent)求反应外推起始点,Peak 求峰值,Peak Height 求峰高,Heat 求峰面积等。最后数据存盘,打印差热曲线图。

2. 热重分析(TG)

(1) 通气　根据实验需要在通气口通入保护气体,将气瓶出口压力调节到 $0.59 \sim 0.98MPa$。

(2) 开机　依次打开专用变压器开关、TGA-50 开关、工作站开关,同时开启计算机及打印机开关。

(3) 调节气体流量 将仪器左侧流量控制钮旋至 25~50mL·min^{-1}。

(4) 天平调零 按 TGA-50 控制面板键,炉子下降,将样品托板拨至炉子瓷体端口(注意:为避免操作失误导致杂物掉入加热炉中,在打开炉子操作时,一定要将样品托板拨至热电偶下),用镊子取一只空坩埚小心放入 Pt 样品吊篮内,移开样品托板,按键升起炉子,待天平稳定后,调节控制面板上平衡钮及归零键,仪器自动扣除坩埚自重。

(5) 放样 按 Down 键,炉子下降,移过样品托板,小心取出坩埚,装入占坩埚 1/3~1/2 高度的样品,轻轻敲打坩埚使样品均匀,然后将坩埚放入样品吊篮内,移开样品托板,升起炉子。

(6) 测量 计算机屏幕上进入 TA-60WS Collect 界面,点击 TGA-50,进入 Measure 进行实验参数设定,输入升温速率、终止温度等;进入 PID Parameters,确定 P,10;I,10;D,10;进入 Sampling Parameters,确定 Sampling Time:10;进入 File Information,依次输入测量序号、样品名称、质量(点击 Read Weight,计算机会直接显示出样品质量)、分子量、坩埚名称、气氛、气体流速、操作者姓名,回到 Measure,点击 Start,测量开始,炉内开始加热升温,记录开始。当试样达到预设的终止温度时,测量自动停止。

(7) 关机 等炉温降下来再依次关 TA-60WS 工作站开关、TGA-50 开关、专用变压器开关,关气瓶(为保护仪器,注意炉温在 500℃以上不得关闭 TGA-50 主机电源)。

(8) 数据分析 进入分析界面(Analysis),打开所做测量文件,对原始热重记录曲线进行适当处理,先对其求导,得到 DTG 曲线;选定每个台阶或峰的起止位置,算出各个反应阶段的 TG 失重百分比、失重始温、终温、失重速率最大点温度。最后数据存盘,打印热重曲线图。

3. 差热-热重联用(DTA-TG)

(1) 开机 打开 DTG-60 主机、计算机、TA-60WS 工作站以及 FC-60A 气体控制器。

(2) 气体接好气体管路 DTG-60 主机后面有 3 个气体入口。测定样品用"GAS1 (Purge)"入口,通常使用 N$_2$、He 或 Ar 等惰性气体,流量控制在 30~50mL·min^{-1};分析样品中用到反应气的情况,使用"GAS2(Reaction)"入口通入气体,通常使用 O$_2$,流量最大 100mL·min^{-1};气体吹扫清理样品腔时使用"Cleaning"窗口,通常使用 N$_2$、空气,流量控制在 200~300mL·min^{-1}。

注意:需将所使用入口之外的其他气体入口堵住。

在分析软件中打开所需分析的测量文件。鼠标选中 DTG 曲线,点击"Analysis"菜单中"Peak"项,或者点击"Peak"按钮,设定温度范围,即可给出峰值温度;亦可选取起始点作为测定结果,点击"Analysis"菜单中"Tangent"一项,弹出 Tangent 窗口。用鼠标分别在曲线上峰的起始点和到达峰高之前斜率相对稳定的一个点上点击,来选定起始点。点击"Analyse",熔点确定的"Tangent"点确定出来。再次点击"Analyse",分析物的熔点就会计算出来并在峰旁边显示。除了可以给出峰值温度外,还可以提供有关峰值的其他信息,可在"Option"选项中进行。鼠标选中 DTA 曲线,点击"Analysis"菜单中"Heat"一项,弹出 Heat 窗口。用鼠标规定峰的起始点和终止点,点击"Analyse",具体结果在屏幕上显示出来。所得数值表示样品吸收或释放多大的热量。热量的显示可以多种单位给出,在点击"Heat"后弹出的对话框中,有 Option 选项。可以根据需要进行选择,并添加文字注释,中英文均可。鼠标选中 TG 曲线,点击"Analysis"菜单中"Weight Loss"一项,弹出"Weight Loss"窗口。用鼠标规定峰的起始点和终止点,点击"Analyse",样品重量的变化,以及起始点时间、温度等都会显示出来。质量的显示可以多种单位给出,在点击"Weight Loss"后弹出的对话框中,有 Option 选项。可以根据需要进行选择,并添加文字注释,中英文均可。

(3) 出具报告点击菜单"File"中"Print",弹出打印窗口。选择路径,可以把 DTG 图和分析参数打印到 Microsoft Office Document Image Writer 或者 Adobe Reader 上或者打印到文件。

五、 数据处理

1. 由所测 DTA 曲线,求出各峰的起始温度和峰温,将数据列表记录,求出所测样品热效应值。

空坩埚质量 a	g
坩埚+水合硫酸铜质量 b	g
水合硫酸铜质量 $b-a$	g
坩埚+无水硫酸铜质量 c	g
无水硫酸铜质量 $w_1 = c-a$	g
$CuSO_4$ 物质的量 $w_1/160$	mol
H_2O 物质的量 $w_2/18.0$	mol
每摩尔 $CuSO_4$ 结合的 H_2O 的物质的量	mol

2. 依据所测 TG 和 DTG 曲线,由失重百分比,推断反应方程式。

六、 思考题

1. DTA 实验中如何选择参比物,要注意哪些事项?影响差热分析结果的主要因素有哪些?
2. 用 $CuSO_4 \cdot 5H_2O$ 化学式计算理论失重率,与实测值比较。如有差异,讨论原因。
3. 在水合硫酸铜结晶水的测定中,为什么沙浴加热并控制温度在 280℃?
4. 加热后的坩埚能否未冷却至室温就去称量?加热后的热坩埚为什么要放在干燥器内冷却?
5. 为什么要进行重复的灼烧操作?什么叫恒重?其作用是什么?

【注意事项】
1. 坩埚一定要清洗干净,否则不仅影响导热,而且坩埚残余物在受热过程中也会发生物理化学变化,影响实验结果的准确性。
2. 样品用量要适度,对于本实验只需 10mg 左右。
3. 坩埚轻拿轻放,尤其是操作热重仪时,一定要小心,取放坩埚时,一定要将样品托板移过来,以免掉入异物到加热炉膛内。
4. 实验用量为 3~5mg,请勿放入太多样品,以免影响样品测定的热传递效果;样品量也不要太少,否则会影响测定结果的精度。
5. 样品放入后,仪器示数需要稳定数分钟,同时保证炉体内的氛围是实验所需的气体氛围。
6. 仪器使用过程中,一般需要通氮气,普通样品测定时,氮气流量为 30~50mL·min^{-1}。

实验 42　热重法测定草酸盐混合物中的金属离子含量

一、实验目的

1. 熟悉热重分析仪的基本结构和工作原理。
2. 了解热重法分析物质成分的原理。

二、实验原理

当物质受热分解时，不同物质的分解温度和失重量也有所不同。如一水合草酸钙受热分解，在 220～400℃时以草酸钙形式存在，在 520～780℃时以碳酸钙形式存在，在 830℃以上以氧化钙形式存在。而二水合草酸镁在 150℃即分解，在 520～780℃时以氧化镁形式存在。利用物质的这一特性，可以通过检测某一特定温度下的物质失重量来分析物质的成分。

热重分析仪及其工作原理见图 1。

 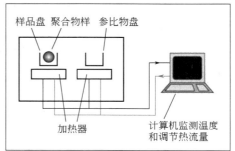

图 1　热重分析仪及其工作原理

以钙、镁草酸盐混合物为例，对其进行热重分析，可从热重曲线推出钙、镁离子的含量。设 x、y 分别为混合液中钙和镁的质量，m 和 n 分别为试样在 600℃（$MgO+CaCO_3$）和 900℃（$MgO+CaO$）时由热重曲线测得的质量，则有：

$$xM_{CaCO_3}/M_{Ca}+yM_{MgO}/M_{Mg}=m \tag{1}$$

$$xM_{CaO}/M_{Ca}+yM_{MgO}/M_{Mg}=n \tag{2}$$

式中，M_{CaCO_3}、M_{MgO}、M_{CaO} 分别为 $CaCO_3$、MgO、CaO 的分子量；M_{Ca}、M_{Mg} 分别为 Ca 和 Mg 的原子量，通过测量 m、n，即可算出钙、镁的含量。

三、仪器和试剂

仪器：TGA-50 型热重分析仪（日本岛津公司）；TA-60WS 工作站；电子天平。

试剂：已制备好的样品（通过草酸盐共沉淀得到水合草酸钙和草酸镁混合物，烘干而成）。

四、实验步骤

1. 通气

根据实验需要在通气口通入保护气体，将气瓶出口压力调节至 0.59～0.98MPa。

2. 开机

依次打开专用变压器开关、TGA-50 热重分析仪开关、工作站开关，同时开启计算机及打印机开关。

3. 调节气体流量

将仪器左侧流量控制钮旋至 $25\sim50\text{mL}\cdot\text{min}^{-1}$。

4. 天平调零

按 TGA-50 热重分析仪控制面板键，炉子下降，将样品托板拨至炉子瓷体端口（注意：为避免操作失误导致杂物掉入加热炉中，在打开炉子操作时，一定要将样品托板拨至热电偶下），用镊子取一只空坩埚小心放入白金样品吊篮内，移开样品托板，按键升起炉子，待天平稳定后，调节控制面板上平衡钮及归零键，仪器自动扣除坩埚自重。

5. 放样

按"Down"键，炉子下降，移过样品托板，小心取出坩埚，装入坩埚 1/3～1/2 高度的样品，轻轻敲打，将坩埚放入样品吊篮内，移开样品托板，升起炉子。

6. 测量

计算机屏幕上进入 TA-60WS Collect 界面，点击"TGA-50"图标，进入"Measure"，进行实验参数设定，输入升温速率、终止温度等，进入"PID Parameters"，确定 P, 10; I, 10; D, 10；进入"Sampling Parameters"，确定"Sampling Time：10"；进入"File Information"，依次输入测量序号、样品名称、质量（点击"Read Weight"，计算机会直接显示出样品质量）、分子量、坩埚名称、气氛、气体流速、操作者姓名，回到"Measure"，点击"Start"，测量开始，炉内开始加热升温，记录开始。当试样达到预设的终止温度时，测量自动停止。

7. 关机

等炉温降下来再依次关 TA-60WS 工作站开关、TGA-50 热重分析仪开关、专用变压器开关，关冷却水，关气瓶（为保护仪器，注意炉温在 500℃ 以上不得关闭 TGA-50 热重分析仪主机电源）。

8. 数据分析

进入分析界面（Analysis），打开所做测量文件，对原始热重记录曲线进行适当处理，先对其求导，得到 DTG 曲线；选定每个台阶或峰的起止位置，算出各个反应阶段的 TG 失重百分比、失重始温、终温、失重速率最大点温度。最后数据存盘，打印热重曲线图。

五、 数据处理

依据所测 TG 曲线，推测各金属离子的含量。

六、 思考题

由热重曲线的各失重台阶，讨论各阶段的可能反应，进行物质成分分析。

实验43 差示扫描量热法测量聚合物的热性能

一、 实验目的

1. 了解差示扫描量热法的基本原理和差示扫描量热仪的基本结构，熟练掌握仪器操作。

2. 测量聚合物的 DSC 曲线，掌握测定聚合物热性能的方法，如熔点、结晶度、结晶温度、热效应、玻璃化转变温度等。

二、实验原理

差示扫描量热法（简称 DSC）是在程序升温的条件下，测量试样与参比物之间的能量差随温度变化的一种分析方法。它是为克服 DTA 在定量测量方面的不足而发展的一种新技术（图 1）。

差示扫描量热法有功率补偿式和热流式两种。在差示扫描量热中，为使试样和参比物的温差保持为零，在单位时间所必须施加的热量与温度的关系曲线为 DSC 曲线。曲线的纵轴为单位时间内所加热量，横轴为温度或时间，曲线的面积正比于热焓的变化。

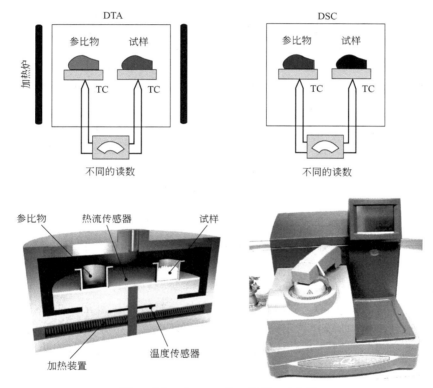

图 1　DTA 和 DSC 的工作原理及仪器

DSC 与 DTA 原理相同，但性能优于 DTA，测定热量比 DTA 准确，而且分辨率和重现性也比 DTA 好，因此 DSC 在聚合物领域获得了广泛应用，大部分 DTA 应用领域都可以采用 DSC 进行测量，灵敏度和精确度更高，试样用量更少。由于其在定量上的方便，从而更适合测量结晶度、结晶动力学以及聚合、固化、交联氧化、分解等反应的反应热及研究其反应动力学。

三、仪器和试剂

仪器：DSC60 型差示扫描量热仪（日本岛津公司）；TA-60WS 工作站；电子天平；SSC-30 压样机；FC60A 气体流量控制器。

试剂：待测样品。

四、实验步骤

1. 开机

打开 DSC-60 主机、计算机、TA-60WS 工作站以及 FC-60A 气体控制器。

2. 气体

接好气体管路,接通气源,并在 FC-60A 气体控制器上调节气体流量。

3. 样品制备

所用样品质量一般为 3～5mg,可根据样品性质适当调整加样量。把样品压制得尽量延展平整,以保证压制样品时坩埚底的平整。把装样品的坩埚置于 SSC-30 压样机中,盖上坩埚盖,旋转压样机扳手,把坩埚样品封好。同时不放样品,压制一个空白坩埚作为参比样品。压完后检查坩埚是否封好,且要保证坩埚底部清洁无污染。滑开 DSC-60 样品腔体盖,用镊子移开炉盖和盖片,把空白坩埚放置于左边参比盘,把制备好的样品坩埚放置于右边样品盘中,盖上盖片和炉盖。

4. 设定测定参数

点击桌面上 TA-60WS Collection Monitor 图标,打开 TA-60WS Acquisition 软件。在"Detector"窗口中选择 DSC-60,点击"Measure"菜单下的"Measuring Parameters",弹出"Setting Parameters"窗口。在"Temperature Program"一项中编辑起始温度、升温速率、结束温度以及保温时间等温度程序。在"File Information"窗口中输入样品基本信息,包括:样品名称、质量、坩埚材料、使用气体种类、气体流速、操作者、备注等信息。点击"确定",关闭"Setting Parameters"窗口,完成参数设定操作。

5. 样品测试

等待仪器基线稳定后,点击"Start"键,在弹出"Start"窗口中设定文件名称及储存路径,点击"Start"运行一次分析测试,仪器会按照设定的参数进行运行,并按照设定的路径储存文件。

6. 关机

样品测量完成后,等待样品腔温度降到室温,取出样品,依次关闭:DSC-60 主机、气体控制器 FC-60A、系统控制器 TA-60WS 和计算机。

7. 数据分析

点击 TA60 图标,打开数据分析软件。点击"文件"菜单下的"打开"项,根据文件名以及预览图形,选择所需的文件在分析软件中打开。鼠标选中 DSC 曲线,点击"Analysis"菜单中"Peak"项,或者点击"Peak"按钮,设定温度范围,即可给出峰值温度;亦可选取起始点作为测定结果,点击"Analysis"中"Tangent"一项,弹出 Tangent 窗口。用鼠标分别在曲线上峰的起始点和到达峰高之前斜率相对稳定的一个点上点击,来选定起始点。点击"Analyse",熔点确定的"Tangent"点确定出来。再次点击"Analysis",分析物的熔点就会计算出来并在峰旁边显示。除了可以给出峰值温度外,还可以提供有关峰值的其他信息,可在"Option"选项中进行。鼠标选中 DSC 曲线,点击"Analysis"菜单中"Heat"一项,弹出 Heat 窗口。用鼠标规定峰的起始点和终止点,点击"Analysis",即可得到积分结果,其数值表示样品吸收或释放出多大的热量,在屏幕上显示。热量的显示可以多种单位给出,在点击"Heat"后弹出的对话框中,有 Option 选项。可以根据需要进行选择,并添加文字注释。

8. 出具报告

点击菜单"File"中"Print",弹出打印窗口。选择路径,可以把 DSC 图和分析数据打印到文件、Microsoft Office Document Image Writer 或者 Adobe Reader 上。也可以选择菜单"Edit"中"Copy All",将结果图形及数据拷到 Word 文档上,再进行打印。

五、 数据处理

依据测量聚合物的 DSC 曲线(见图 2),求出各种物性参数,如 T_m、ΔH_m 和 X_c。

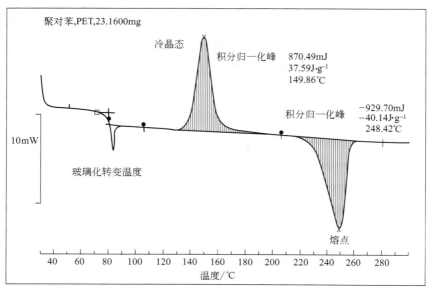

图 2 PET 的 DSC 分析

六、 思考题

1. DSC 的基本原理是什么?在聚合物中有哪些用途?
2. 对所得到的 DSC 曲线进行分析,讨论实验过程中的注意事项和影响因素。

VI 综合实验

实验 44 生化样品中微量元素的测定

一、 实验目的

1. 了解原子吸收和原子荧光光谱法测定生化样品的一般方法。
2. 学会根据待测元素的种类、特点选择适宜的分析方法。

二、 实验原理

生化样品中微量元素(锌、铁、钙、铅和砷)的分析灵敏度在很大程度上取决于样品的制备方法和仪器的灵敏度和检出限。生化样品中微量元素的处理方法可以采用干灰化法,灰化温度一般控制在 500~550℃，温度过高，容易造成部分金属元素的灰化损失而导致结果偏低；也可以采用酸溶法（硝酸-高氯酸消化法、硝酸-过氧化氢消化法和王水消化处理砷的方法）。处理后的样品可以用火焰原子吸收法测定锌、铁和钙，石墨炉原子吸收法测定铅和原子荧光光谱法测定砷。

三、仪器与试剂

仪器：Z-8000 型偏振塞曼原子吸收分光光度计；XGY-1012 型原子荧光分光光度计；锌、铁、钙和铅空心阴极灯和砷高强度空心阴极灯；分析天平；瓷坩埚（规格 18cm）；烧杯（50mL）和比色管（10mL 或 25mL）。

试剂：锌、铁和钙的标准溶液（$50\mu g \cdot mL^{-1}$）；铅的标准溶液（$10\mu g \cdot mL^{-1}$）；砷的标准溶液（$5.0\mu g \cdot mL^{-1}$）；氯化钯标准溶液（$0.5mg \cdot mL^{-1}$）；硝酸、盐酸和高氯酸（优级纯）；5%氯化镧溶液；20%王水；2%盐酸溶液；0.2%氢氧化钠和4%硼氢化钠；二次蒸馏水。

四、实验步骤

1. 仪器工作条件

锌、铁、钙和铅的仪器工作条件

测量元素	Zn	Fe	Ca	Pb
波长/nm	213.9	248.3	422.7	288.3
灯电流/mA	7.5	7.5	7.5	7.5
狭缝/nm	1.3	1.3	1.3	1.3
燃烧器高度/cm	7.5	7.5	7.5	7.5
燃/助流量比	0.25∶1.6	0.25∶1.6	0.35∶1.6	0.25∶1.6

铅的石墨炉升温程序		砷的仪器工作条件
干燥/℃·s^{-1}	80~120	负高压 220V；炉温 200℃
灰化/℃·s^{-1}	350~500	灯电流 50mA；辅助电流 50mA
原子化/℃·s^{-1}	1600~2200	氩气流量 $500mL \cdot min^{-1}$；
净化/℃·s^{-1}	2200~2400	原子化器高度 7cm
进样体积/μL	10	积分时间 15s

2. 标准系列的配制

分别用锌、铁、钙、铅和砷的标准溶液配制下列标准溶液：

$\rho(Zn)/\mu g \cdot mL^{-1}$	0.00	0.40	0.80	1.20	1.60
$\rho(Fe)/\mu g \cdot mL^{-1}$	0.00	0.50	1.00	2.00	3.00
$\rho(Ca)/\mu g \cdot mL^{-1}$	0.00	2.00	5.00	10.0	15.0
$\rho(Pb)/ng \cdot mL^{-1}$	0.00	5.00	10.0	20.0	30.0
$\rho(As)/ng \cdot mL^{-1}$	0.00	25.0	50.0	100	200

锌、铁和钙标准溶液酸度控制在2%盐酸溶液，用水稀释于50mL容量瓶中，钙的标准溶液加入5%氯化镧溶液2mL；铅的标准溶液酸度控制在2%硝酸溶液，加入氯化钯标准溶液，用水稀释于50mL容量瓶中；砷的标准溶液酸度控制在2%王水溶液，用水稀释于50mL容量瓶中。

3. 样品处理

（1）酸溶法 取生化样品（0.2000g 干净发样、1.0000g 粮食、10.0mL 饮料或 0.2500g

生物制品等）放在 50mL 烧杯中，加入 10mL 硝酸，加热溶解，再加入 1mL 高氯酸，直至冒烟（也可以滴加过氧化氢，溶液呈现浅黄色透明为止），蒸至小体积，加入 0.5mL 盐酸溶液，转移至 25mL 比色管中，定容，摇匀，待测。

（2）干灰化法　取生化样品（0.1200g 干净发样、0.5000g 粮食等）放入瓷坩埚中，置于高温炉内，由低温升至 550℃灰化，恒温 20min，待样品呈灰白色时，取出冷却，加入 2％盐酸 4mL，将溶液转移至 25mL 比色管中，定容，摇匀，待测。

（3）砷的样品处理　取生化样品（1.0000g 粮食、10.0mL 饮料或 0.2500g 生物制品等）放入 50mL 烧杯中，加入 20％王水 10mL，浸泡过夜，再加热溶解至小体积，转移至 25mL 比色管中，定容，摇匀，待测。

4．测量

按照各元素的测量条件调整好仪器参数后，依次测定各元素的标准溶液，绘制该元素的工作曲线，再测定样品溶液，由计算机自动给出测定结果并打印。

五、 数据处理

计算样品中待测元素的含量，填写实验报告。

六、 思考题

1. 如何根据待测元素的种类选择合适的样品处理方法？
2. 用酸溶法和干灰化法处理样品时，应注意哪些事项？

实验 45　氨基酸的薄层色谱分离和鉴定

一、 实验目的

1. 掌握薄层色谱的基本原理。
2. 练习薄层板的制备。

二、 实验原理

薄层色谱法是一种检验微量物质的快速准确的分离分析手段。它是将某种吸附剂在一块玻璃板（或硬质塑料板等）上铺成均匀的薄层，把要分离鉴定的样品溶液点在薄层板的一端，在密闭的展开缸内用适宜的溶剂（即展开剂）展开，从而进行薄层色谱分析的方法。

吸附剂对被吸附化合物的吸附能力有强弱之分，这与吸附剂本身的性质和被吸附化合物的性质是有关的。当被测样品随着展开剂在吸附剂上前进时，由于不同化合物具有不同的结构和性质，展开剂对它们的洗脱力和它们在吸附剂上的吸附、解吸附的性能也就有所不同，因而在吸附剂上移动的距离也就不会相同，这样就达到了分离的目的。

在薄层色谱中为了获得良好的分离效果，必须选择适当的吸附剂和展开剂。吸附剂含水较多时吸附能力就会大为减弱，因此使用吸附剂时一般要先进行加热去水的活化处理。在薄层色谱中所用的吸附剂种类很多，用得最广泛的是氧化铝和硅胶。化合物被吸附剂吸附后，要选择适宜的溶剂进行展开。展开剂是一种或两种以上溶剂按一定比例组成的溶剂系统。溶剂的选择通常是根据被测物中各成分的极性、溶解度以及吸附剂活性和分离效果等因素来考虑，否则会影响吸附剂的活性和分离效果（见图1）。

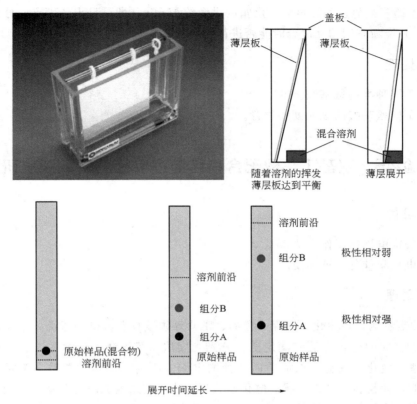

图1 薄层色谱及其分离原理

观察薄层色谱结果时，如果化合物本身有颜色，可直接观察它的斑点。如本身无色，可用显色剂显色。不同物质所用显色剂是不同的。如果被测物质是有机化合物，一般可采用碘蒸气进行显色。本实验中采用的是茚三酮显色剂。

三、实验步骤

1. 薄层板的制备

将10g硅胶G和15mL水在小烧杯内迅速混合均匀，再加入5mL水继续搅拌。将调好的糊状物倒在洗净、干燥好的玻璃板上，用手摇晃，使其表面均匀光滑，厚度在0.25～1mm间为宜。在室温下晾干后，置于烘箱内慢慢升温，在105～110℃下活化约30min。取出后放于干燥器内备用。所配制的硅胶乳状液可制备。

2. 茚三酮显色剂的制备

0.2%茚三酮异丙醇溶液：将0.2g茚三酮溶解在50%（体积分数）乙醇水溶液中。

3. 氨基酸的分离和鉴定

用毛细管分别取甘氨酸、缬氨酸溶液（浓度约1.00mg·mL^{-1}），在薄层板一端约0.5cm处点样。如在一块板上点两个样，则它们之间必须相隔一定距离；另取甘氨酸和缬氨酸混合溶液（0.5mg·mL^{-1}）点在另一块薄层板上，点样完毕。等斑点干燥后小心地将板置于盛有展开剂（水：乙醇：乙酸＝1：6：0.5）的展开缸内，点样端浸入展开剂深度约0.3cm为宜。待展开剂上升了10cm以上后，可停止展开。取出薄层板，在前沿线处用大头针轻轻穿刺薄层作出记号。等薄层板晾干后，在110℃烘箱内干燥大约10min，然后用喷雾器均匀地喷上茚三酮显色剂，再放入烘箱内烘烤约15min，即可显出各斑点。分别测出氨基酸的 R_f 值，并推断它们相互混合时能否进行色谱分离。

四、 数据处理

1. 分辨不同种类的氨基酸。
2. 测定不同氨基酸的吸光度和位置。

实验 46 巯基丁二酸配合物修饰金电极测定 H_2O_2 研究

一、 实验目的

1. 学习修饰电极的制作方法。
2. 学习电化学催化原理和使用。

二、 实验原理

H_2O_2 的定量测定在生化、环保、食品、工业等领域具有重要的意义。目前，文献报道的定量测定 H_2O_2 的分析方法有滴定法、分光光度法、荧光法、化学发光法、间接原子吸收法、色谱法和电化学法等。然而前面几种测定 H_2O_2 的方法相对费时，需要使用一些比较昂贵的试剂，而且容易带来干扰。电化学分析方法能有效地克服这些缺点。很多电化学方法都是基于固定化的过氧化物酶对 H_2O_2 的电催化还原，其中，以血红素为活性中心的辣根过氧化物酶（HRP），在 H_2O_2 的电化学测定过程中，是使用最广泛的一种酶。本实验利用电化学方法研究了 H_2O_2 的测定。

三、 仪器和试剂

仪器：CHI660B 电化学工作站；三电极系统［以裸金电极或金修饰电极作为工作电极，饱和甘汞电极（SCE）作为参比电极，Pt电极作对电极］；静态的电化学池；Ds180A 型超声波清洗器；METTLER TOLEDO 320 pH 计（瑞士）。KLT-1 型库仑仪采用随机配套的电解池和五电极系统，其中电解系统为一串连的两大面积铂片电极和一铂丝电极，指示电极为两铂片电极和一钨棒电极，其中铂丝电极和钨棒电极有玻璃套及砂芯与电解液隔开。

试剂：KCl（分析纯）；$KMnO_4$（分析纯）；30% H_2O_2（分析纯）；硫酸铁铵（分析纯）；浓 H_2SO_4（分析纯）；pH＝6.86（25）标准缓冲液；铁氰化钾（化学纯）；乙酸铵（分析纯）；抗坏血酸（分析纯）。

四、 实验步骤

1. 测金电极的有效面积

用托盘天平称量 KCl 7～8g、铁氰化钾 3.2～3.3g，配制成浓度约 0.01mol·L^{-1} $K_3Fe(CN)_6$＋0.1mol·L^{-1}KCl 的测试液 100mL。将直径为 2mm 金电极在 400 目的金相砂纸上打磨，接着在 0.05μm Al_2O_3 糊上抛光成镜面，用二次水冲洗干净后，再分别在乙醇和蒸馏水中超声 3 次，每次 3min。处理好的电极在该测试液中用循环伏安法测试（扫速为 100mV·s^{-1}），当其氧化还原峰的差值在 ΔE_p＝95mV（理论上可达 59mV，但是由于条件限制只能达到 100mV 左右）后测 v＝50mV·s^{-1}、75mV·s^{-1}、100mV·s^{-1}、125mV·s^{-1}、150mV·s^{-1}下的循环伏安图，记录 I_{pa}、I_{pc} 值。

2. 研究铜离子修饰电极对 H_2O_2 的催化

配制 0.1mol·$L^{-1}$$NH_4$Ac-KCl（pH＝7.0）的缓冲液和混合磷酸盐的标准缓冲液（pH＝6.86）。用裸金电极测各缓冲液的循环伏安图，然后加入 H_2O_2（5μL、10μL、15μL、25μL、30μL）；浸泡于巯基丁二酸的溶液中（约 24h），测各缓冲液的循环伏安图，然后加入 H_2O_2（5μL、10μL、15μL、25μL、30μL）；浸泡于硝酸铜的溶液中（约 24h），测各缓冲液的循环伏安图，然后加入 H_2O_2（5μL、10μL、15μL、25μL、30μL）；再滴加上 HRP（辣根过氧化酶），测 H_2O_2（5μL、10μL、15μL、25μL、30μL）的循环伏安图。

五、数据处理

1. 画出 CuL 的循环伏安图和其对 H_2O_2 的催化波。
2. 根据催化波高度与被测过氧化氢浓度的关系，测定水中过氧化氢的含量。

六、思考题

1. 电化学催化的特点以及测定选择性如何？
2. 比较几种常见的化学修饰方法？

实验 47　酱油中氯化钠的测定

一、实验目的

1. 了解食品分析前的预处理方法。
2. 了解滴定方法在食品分析中的应用。

二、实验原理

在含有一定量 NaCl 的酱油中，加入过量的 $AgNO_3$，这时试液中有白色的氯化银沉淀生成和未反应掉的 $AgNO_3$，用硫酸铁铵作指示剂，用硫氰酸钠标准溶液滴定到刚有血红色出现，即为滴定终点，反应式如下：

$$NaCl + AgNO_3 \longrightarrow AgCl\downarrow + NaNO_3 + AgNO_3（剩余）$$
$$AgNO_3（剩余）+ NH_4SCN \longrightarrow AgSCN\downarrow + NH_4NO_3$$
$$3NH_4SCN + FeNH_4(SO_4)_2 \longrightarrow Fe(SCN)_3 + 2(NH_4)_2SO_4$$

三、仪器和试剂

1. NaCl 基准试剂：在 500～600℃高温炉中灼烧 30min 后，放置于干燥器中冷却。也可将 NaCl 置于带盖瓷坩埚中，加热，并不断搅拌，待爆炸声停止后，继续加热 15min，将坩埚放入干燥器中冷却后备用。

2. 0.1mol·L^{-1} AgNO$_3$ 溶液：称 4.2g 左右 AgNO$_3$，加不含 Cl$^-$ 的蒸馏水微热溶解，稀释至 250mL，放在棕色瓶中于暗处保存。

3. 0.1mol·L^{-1} NH$_4$SCN：称取 1.9gNH$_4$SCN（分析纯），用水溶解后，稀释至 500mL，于试剂瓶中待用。

4. FeNH$_4$(SO$_4$)$_2$：10％溶液（100mL 内含 6mol·L^{-1}HNO$_3$25mL）。

5. K$_2$CrO$_4$：5％水溶液。

6. 硝基苯。

7. HNO$_3$(1∶1)：若含有氮的氧化物而呈黄色时，应煮沸驱除氮化合物。

四、实验步骤

1. AgNO$_3$ 溶液的标定

准确称取 1.4621g 基准 NaCl 置于小烧杯中，用蒸馏水溶解后，定量转入 250mL 容量瓶中，稀释至刻度，摇匀。用移液管移取 NaCl 溶液 25.00mL 于 250mL 锥形瓶中，加入 25mL 水，用 1mL 吸量管加入 1.00mL 5％K$_2$CrO$_4$ 溶液，在不断摇动下，用 AgNO$_3$ 滴定至呈现砖红色，即为终点，再重复滴定两份，根据所消耗的 AgNO$_3$ 的体积和 NaCl 标准溶液的浓度，计算 AgNO$_3$ 的浓度。

2. NH$_4$SCN 溶液的标定

用移液管移取 AgNO$_3$ 标准溶液 25.00mL 于 250mL 锥形瓶中，加 1∶1 HNO$_3$ 5mL，用 1mL 吸量管加入铁铵矾指示剂 1.00mL，用 NH$_4$SCN 溶液滴定。滴定时，激烈振荡溶液，当滴至溶液颜色为淡红色稳定不变时，即为终点。再重复滴定两份，计算 NH$_4$SCN 溶液的浓度。

3. 试样分析

移取酱油 5.00mL 于 100mL 容量瓶中，加水至刻度摇匀，吸取酱油稀释液 10.00mL 于具塞锥形瓶中，加水 50mL，混匀。加入 HNO$_3$ 5mL、0.1mol·L^{-1}AgNO$_3$ 标准溶液 25.00mL 和硝基苯 5mL，摇匀。加入 FeNH$_4$(SO$_4$)$_2$ 5mL，用 0.1mol·L^{-1}NH$_4$SCN 标准溶液滴定至刚有血红色，即为终点。由此计算酱油中氯化钠的含量。

五、实验处理

获得酱油中 NaCl 含量。

六、思考题

1. 在标定 AgNO$_3$ 时，滴定前为何要加水？
2. 在试样分析时，可否用 HCl 或 H$_2$SO$_4$ 调节酸度？
3. 本实验与莫尔法相比，各有什么优缺点？

实验 48 普通电镀液中主要成分的分析
——化学镀镍溶液的成分分析

一、实验目的

为了保证化学镀镍的质量，必须始终保持镀浴的化学成分、工艺技术参数在最佳范围（状态），这就要求操作者经常进行镀液化学成分的分析与调整。

二、实验原理

利用电化学、基础滴定分析对镀 Ni 溶液进行分析验证。

三、实验试剂

(1) 浓氨水:密度 $0.91\text{g}\cdot\text{mL}^{-1}$。

(2) 紫脲酸铵指示剂:紫脲酸铵:氯化钠 = 1:100。

(3) EDTA 溶液: $0.05\text{mol}\cdot\text{L}^{-1}$,按常规标定。

(4) 盐酸 1:1。

(5) 碘标准溶液 $0.1\text{mol}\cdot\text{L}^{-1}$,按常规标定。

(6) 淀粉指示剂 1%。

(7) 硫代硫酸钠溶液 $0.1\text{mol}\cdot\text{L}^{-1}$,按常规标定。

(8) 碳酸氢钠溶液 5%。

(9) 醋酸 98%。

四、实验步骤

1. Ni^{2+} 浓度的测定

镀液中镍离子浓度常规测定方法是用 EDTA 络合滴定,紫脲酸铵为指示剂。本实验用移液管取出 10mL 冷却后的化学镀镍液于 250mL 锥形瓶中,并加入 100mL 蒸馏水、15mL 浓氨水、约 0.2g 指示剂,用标定后的 EDTA 溶液滴定,当溶液颜色由浅棕色变至紫色即为终点。

镍含量的计算:

$$\rho(Ni^{2+}) = 5.87cV \quad (\text{g}\cdot\text{L}^{-1})$$

式中　c——EDTA 标准溶液的浓度,$\text{mol}\cdot\text{L}^{-1}$;

　　　V——耗用 EDTA 标准溶液的体积,mL。

2. 还原剂次亚磷酸钠 $NaH_2PO_2\cdot H_2O$ 浓度的测定

其原理是在酸性条件下,用过量的碘氧化次磷酸钠,然后用硫代硫酸钠溶液返滴定剩余的碘,以淀粉为指示剂。

本实验用移液管量取冷却后的镀液 5mL 于带盖的 250mL 锥形瓶中,加入 25mL 盐酸溶解的碘标准溶液于此锥形瓶中,加盖,置于暗处 0.5h(温度不得低于 25℃);打开瓶盖,加入 1mL 淀粉指示剂,并用硫代硫酸钠标准溶液滴定至蓝色消失为终点。计算:

$$\rho(NaH_2PO_2\cdot H_2O) = 10.6(2c_1V_1 - c_2V_2) \quad (\text{g}\cdot\text{L}^{-1})$$

式中　c_1——碘标准溶液的浓度,$\text{mol}\cdot\text{L}^{-1}$;

　　　V_1——加入碘标准溶液的体积,mL;

　　　c_2——硫代硫酸钠标准溶液的浓度,$\text{mol}\cdot\text{L}^{-1}$;

　　　V_2——耗用硫代硫酸钠标准溶液的体积,mL。

3. $Na_2HPO_3\cdot 5H_2O$ 浓度的测定

化学镀镍浴还原剂反应产物中影响最大的是次磷酸钠的反应产物亚磷酸钠。其他种类的还原剂的反应产物的影响较小,甚至几乎无影响,如 DMAB。其测定原理是在碱性条件下,用过量的碘氧化亚磷酸,但次磷酸不参加反应;然后,用硫代硫酸钠返滴定剩余的碘,以淀粉为指示剂。

本实验用移液管量取冷却后的镀液 5mL 于 250mL 锥形瓶中(可视 Na_2HPO_3 含量多少决定吸取镀液的体积),加入蒸馏水 40mL。

加入碳酸氢钠溶液 50mL,使用移液管量取 40mL 碘标准溶液于锥形瓶中,加盖,放置暗处 1h。开启瓶盖,滴加醋酸至 pH<4,摇匀,用硫代硫酸钠滴定至溶液呈淡黄色,加入淀粉指示剂 1mL,继续滴定至蓝色消失 1min,即为终点。

计算:
$$\rho(Na_2HPO_3) = 12.6(2c_1V_1 - c_2V_2)(g \cdot L^{-1})$$

式中　c_1——碘标准溶液的浓度,$mol \cdot L^{-1}$;
　　　V_1——耗用碘标准溶液的体积,mL;
　　　c_2——硫代硫酸钠标准溶液的浓度,$mol \cdot L^{-1}$;
　　　V_2——耗用硫代硫酸钠标准溶液的体积,mL。

4. 其他化学成分浓度的测定

化学镀镍浴中还含有多种有机羧酸盐作为络合剂、缓冲剂、稳定剂等,其测定在现场进行比较困难;大多数实验室采用高效液相色谱分离,红外、紫外-可见光谱、质谱定性定量分析。化学镀镍浴中有害金属离子则采用发射光谱、原子吸收光谱定性定量分析。

5. 化学镀镍浴稳定性的测定

取试验化学镀镍液 50mL,盛于 100mL 试管中,浸入已经恒温至 (60 ± 1)℃ 的水浴中,注意使试管内液面低于恒温水浴液面约 2cm。30min 后,在搅拌下,使用移液管量取浓度为 $1.00 \times 10^{-6} mol \cdot L^{-1}$ 的氯化钯溶液 1mL 于试管内。记录自注入氯化钯溶液至试管内,化学镀浴开始出现浑浊(沉淀)所经历的时间,以 s 表示。

这是一种测定化学镀镍浴稳定性的加速试验方法,可作为鉴别不同化学镀镍浴稳定性时的参考;亦可用于化学镀镍浴在使用过程中稳定性的监控,如果上述试验出现浑浊时间明显加快,说明化学镀镍浴处于不稳定状态。

五、思考题

1. 常见的化学镀分析方法有哪些?
2. 其他常见的分析 Ni^{2+} 的方法有哪些,各有何优缺点?

实验49　蔬菜、水果中的维生素 B_2 测定

一、实验目的

1. 学习并掌握蔬菜和水果的试样制备方法。
2. 初步了解荧光法的原理和基本操作。
3. 了解核黄素的荧光分析特性。

二、实验原理

B 族维生素在增强人体的免疫能力方面起着重要的作用。B 族维生素中维生素 B_2

（verdoflavin，简称VB$_2$）是机体中许多重要辅酶的组成部分，它在生物氧化中起着重要作用，当人体缺乏维生素 B$_2$ 时，代谢作用发生障碍。果蔬中维生素 B$_2$ 的测定多采用荧光法。某些物质受到一定波长的光照射时，可发射出较长波长的光，而停止照射时，这种光随之消失，这种光称为荧光。根据分子荧光强度与待测物质浓度成正比的关系，可对待测物进行定量分析。这种分析方法称为荧光分析法，它具有极高的灵敏度，在生物分析、食品分析与环境分析等方面是十分有用的分析手段。

维生素 B$_2$

维生素 B$_2$ 即核黄素，它是一种典型的芳香族荧光物质，结构式如上。维生素 B$_2$ 在 420～440nm 蓝光照射下会产生绿色荧光，荧光发射峰在 520nm 附近。维生素 B$_2$ 可被次硫酸钠（Na$_2$S$_2$O$_4$）还原为非荧光物质，因此次硫酸钠是维生素 B$_2$ 的荧光猝灭剂，通过测定加入 Na$_2$S$_2$O$_4$ 前后的荧光强度的差值，可计算维生素 B$_2$ 的含量。

三、仪器和试剂

仪器：荧光分光光度计；食品搅拌器。

试剂：0.1mol·L^{-1} HCl；HAc-NaAc 缓冲溶液（pH=6）；0.1g·mL^{-1} 荧光素钠工作液；0.1g·mL^{-1} 维生素 B$_2$ 的标准溶液；固体 Na$_2$S$_2$O$_4$。

四、实验步骤

1. 试液的制备：称取一定量的蔬菜或水果，用粉碎机碾碎，取适量样于 100mL 烧杯中，加 20mL 0.1mol·L^{-1} HCl，搅匀，暗处静置 10min，加入 20.0mL pH 值为 6 的 HAc-NaAc 缓冲溶液，搅匀，静置后用快速定性滤纸过滤，滤液用 50mL 容量瓶承接，用蒸馏水定容。

2. 调节仪器：取 0.1g·mL^{-1} 荧光素钠工作液调节仪器的荧光值为满刻度。

3. 标准溶液的测定：取 0.1g·mL^{-1} 维生素 B$_2$ 的标准溶液于干燥的荧光比色皿中，于 λ_{ex}=420nm，λ_{em}=510nm 处测定荧光值，加入 10mg Na$_2$S$_2$O$_4$ 于比色皿中，摇匀，立即再次测定荧光值。

4. 试液的测定：与标准溶液测定方法相同。

5. 计算维生素 B$_2$ 的含量。

五、思考题

1. 查阅荧光分光光度法方面的参考书，了解荧光分析方法的原理及应用。

2. 查阅食品分析方面参考书及文献，了解食品试样的采样方法、样品的制备及预处理方法。举 1～2 实例进行介绍。

3. 比较荧光计与分光光度计仪器的结构，分析两种仪器的光路有哪些区别？

4. 本方法测定维生素 B_2 时,可能的干扰组分有哪些？试讨论分离的方法。

实验 50　血液中雌激素的测定

一、实验目的

1. 掌握 HPLC 分离和检测的原理。
2. 掌握常见血液等复杂生物样品的前处理方法。
3. 学习高效液相色谱的外标法定性定量分析,学会准确度和精密度的计算方法。

二、实验原理

雌激素对女性生殖健康具有重要作用。测定血浆中雌激素的浓度有多种方法,如:放射性免疫测定法(RIA)、电化学发光免疫法(EIA)、高效液相色谱法(HPLC)等。由于存在交互作用,RIA 和 EIA 方法对雌激素母体和代谢物不能区分,而且这两种方法的缺点是明显的:使用放射性材料、实验程序费时昂贵、产生难以处理的放射物。因此,HPLC 更加适合做动力学和代谢分析。然而,早期研究的 HPLC 方法难以令人满意:采用液-液萃取前处理方法,方法的检测限较高,难以检测血液中的雌激素含量。

样品前处理过程如采用传统的液-液萃取技术,过程相对复杂,自动化不高,耗时较长,所需有机溶剂用量较大,与快速、准确、绿色分析方法研究趋势相违背。固相萃取(solid-phase extraction,SPE)自 20 世纪 80 年代兴起,发展至今已有广泛使用的商品,分离效能稳定,可极大地简化前处理过程,为近年发展起来的微量样品处理技术,主要用于样品的分离、纯化和浓缩。使用 SPE 能避免液-液萃取所带来的一系列问题,如不完全的相分离、较低的定量分析回收率、实验操作极为繁琐、产生大量的有机废液等。与传统的液-液萃取相比,SPE 采用少量、高选择性的固定相,容易实现高效萃取、快速和自动化;显著减少样品用量,进而实现浓缩;净化和洗脱一体化、加快样品处理速度、降低基质干扰。

本实验采用生物样品处理用的 Oasis HLB 小柱,建立血样处理的 SPE 方法,简化实验流程,消除基质干扰,进一步降低检测下限,提高了回收率。

三、仪器和试剂

仪器:LC-10A 型高效液相色谱仪(日本岛津公司)。

试剂:雌二醇标准品;甲醇、乙腈(色谱纯);超纯水,使用前经 0.22μm 水性膜过滤;其他各种试剂均为分析纯。

四、实验步骤

1. 色谱条件

为反相高效液相色谱系统:C_{18},$\phi 4.6mm \times 150mm$,填充相粒径 $5\mu m$,柱前加预柱,填料类型同色谱柱,也为 ODS 柱;柱温为室温。流动相:甲醇：水：乙腈＝40 : 40 : 20;流速

$1.0mL·min^{-1}$；洗脱模式：梯度洗脱。

2. 溶液制备

（1）雌激素标准贮备液的配制　在严格避光及快速操作下，以流动相为溶剂，配制含雌二醇为 $100\mu g·mL^{-1}$ 的贮备液，置棕色容量瓶内保存。此液在避光 4℃ 的环境下可使用 7d。同法配制含雌二醇为 $1.0\mu g·mL^{-1}$、$50.0\mu g·mL^{-1}$ 的梯度标准溶液，置棕色容量瓶内保存。$1.0\mu g·mL^{-1}$ 的溶液应现配现用，$50.0\mu g·mL^{-1}$ 的溶液在避光及 4℃ 的环境下可使用一周。

（2）血浆标准系列的配制

过程	步骤	0	1	2	3	4	5	6
加标	加入血清样本/mL	0.50	0.50	0.50	0.50	0.50	0.50	0.50
	加入 $1.0\mu g·mL^{-1}$ 的雌激素标液/mL		0.05	0.10	0.20			
	加入 $50.0\mu g·mL^{-1}$ 的雌激素标液/mL					0.10	0.25	1.0
	加流动相/mL（补齐至 1.0mL）	0.50	0.30	0.20		0.35	0.15	
	雌二醇血清血浆浓度/$\mu g·mL^{-1}$	0.0	0.15	0.20	0.30	3.0	4.0	9.0

（3）参照 2（2）方法，配制低、中、高浓度的雌激素加标梯度溶液（$0.10\mu g·mL^{-1}$、$1.0\mu g·mL^{-1}$、$10\mu g·mL^{-1}$）。

（4）样品的固相萃取前处理方法

① 固相萃取及活化：取萃取小柱，各加入甲醇 1mL，自然状态过柱。平衡：再各加入甲醇 1mL，洗耳球吹柱。

上样：将前述血清溶液加至小柱，必要时略加压使过柱。清洗：加入 5% 的甲醇水溶液 1mL，以洗除部分血浆中干扰性物质。清洗液弃去。洗脱：加入甲醇 1mL，使雌激素组分被洗脱。洗脱液收集于小试管中。过滤：洗脱液以 $0.22\mu m$ 有机相滤头滤过，至 5mL 离心试管中，此即提取液。

② 浓缩定容　将提取液置负压恒温箱中，按下述条件控制，使甲醇挥尽，氮气吹至 $-0.05MPa$ 以下。待甲醇初步挥尽后，即升温至 37℃ 氮气吹干约 1h，以使残量水分得以挥发。经此步骤后，可见试管底部有少量残留，以下简称底液。

③ 继续萃取　向底液内加入纯甲醇 $250\mu L$，旋即用聚氯乙烯膜密封。涡旋 5min，经 $0.22\mu m$ 微孔有机滤膜滤过，即得各种样品的供试液。固相萃取的步骤基本如图 1 所示。

3. 标准曲线和定量限

取如 2（2）所述的标准系列溶液，按照 2（4）方法处理后，采用 HPLC 分离，记录色谱图。

4. 回收率和精密度

（1）回收率和日内精密度　一日内重复测定高、中、低浓度分别为 $0.10\mu g·mL^{-1}$、$1.0\mu g·mL^{-1}$、$10\mu g·mL^{-1}$ 生物模拟样 6 次，得回收率和日内精密度的测试结果。

（2）日间精密度　连续 3 日重复测定高、中、低浓度分别为 $0.10\mu g·mL^{-1}$、$1.0\mu g·mL^{-1}$、

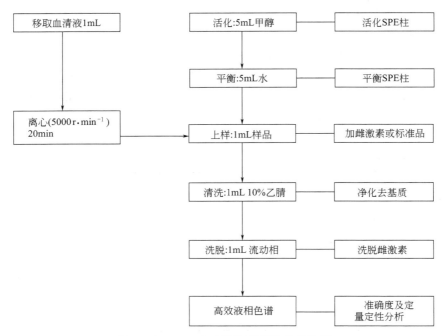

图 1 Oasis HLB 小柱固相萃取样品流程

空白血清 6 次,测试日间精密度。

(3) 进样精密度 以同一份 $10\mu g \cdot mL^{-1}$ 的雌激素水溶液做色谱进样精密度测定,精密进样 $20.0\mu L$,重复 6 次,测得峰高的 RSD 为 1.1%。

5. 稳定性试验

按含量的相对变异≤5%控制:测定 $1.0\mu g \cdot mL^{-1}$ 的雌激素血浆样品在避光及室温条件下的可保存期限。

6. 供试品测定

分析未知样品一份。

五、数据处理

1. 获得回归方程、相关系数,确定加标曲线。
2. 计算检测限与定量限。
3. 计算日内精密度、日间精密度及回收率,得准确度。
4. 讨论稳定性和重复性。
5. 分析真实血清样本。

六、思考题

1. 有哪些固相萃取柱种类及填料性质并查询雌激素的分子式,根据结构说明为什么选 Oasis HLB 小柱回收雌激素?
2. 固相萃取在复杂基质样品分析中有何优势?
3. 加标回收率实验中有哪些注意事项。

实验 51 人尿液中尿酸的测定

一、实验目的

1. 掌握离子交换反相高效液相色谱法的原理。
2. 学会尿液样品前处理的固相微萃取（SPE）方法。
3. 熟练掌握内标法以及加标回收等定性定量分析。

二、实验原理

尿酸含量过高会导致痛风病，因此，尿中尿酸的测定具有重要的意义。文献报道过的尿酸的测定方法有滴定法、荧光法、催化光动力学法、紫外-可见分光光度法、库仑分析法等，但这些方法或定性能力较差，或定量能力不够，无法检测生物样品中 $\mu mol \cdot L^{-1}$ 级尿酸；也有直接测尿酸的高效液相色谱法，但尿液样品中尿酸测定的高效液相色谱方法报道甚少。

尿酸

由于尿酸分子中有氨基等极性基团，如直接采用 C_{18} 柱的反相高效液相色谱法测定，拖尾现象非常严重。但如果在酸性介质中，尿酸结构中的碱性基团氨基与氢离子结合，形成阳离子，该阳离子与十二烷基磺酸根结合形成离子对，消除了极性，即可得到峰形对称的色谱峰。

三、仪器和试剂

仪器：LC-10A 型高效液相色谱仪（日本岛津公司）。

试剂：尿酸标准品（咖啡因内标）；甲醇、乙腈（色谱纯）；超纯水，使用前经 $0.45\mu m$ 水性膜滤过；其他分析试剂均为分析纯。

四、实验步骤

1. 色谱条件

色谱柱：Spherisorb C_{18}（150mm×4.6mm，$5\mu m$）；流动相：甲醇-乙腈-0.05% 十二烷基磺酸钠溶液（40∶30∶30），醋酸调节 pH 值为 3；流速 $1.0mL \cdot min^{-1}$；荧光检测器：激发波长 360nm；发射波长 505nm（注：如无荧光检测器，采用 DAD 检测器也可，检测波长 256nm）；柱温 30℃；进样量 $20\mu L$。

2. 溶液制备

（1）尿酸标准溶液 在严格避光的条件下，称取尿酸标准品 0.0100g，以水溶解并定容至 100mL 容量瓶中（需用棕色容量瓶），即得 $100\mu g \cdot mL^{-1}$ 的贮备液。该溶液应严格避光保存于 4℃冰箱中到使用前。再取尿酸贮备液适量,稀释成 $10\mu g \cdot mL^{-1}$,即得标准使用液。该溶液应严格避光保存于 4℃冰箱中。在强光下,稳定时间仅 2h 以内。

(2) 尿酸标准系列溶液　采用空白的尿样作为标准系列。取空白尿液适量,加入不同量的尿酸贮备液,处理方法如 2(2)所述,即可得尿酸标准系列溶液,浓度为 $0\mu g \cdot g^{-1}$、$0.01\mu g \cdot g^{-1}$、$0.05\mu g \cdot g^{-1}$、$0.10\mu g \cdot g^{-1}$、$0.50\mu g \cdot g^{-1}$、$1.00\mu g \cdot g^{-1}$(尿液样品中尿酸的浓度单位为 $\mu g \cdot mL^{-1}$,以下同)。

(3) 尿液样品供试液　取尿液样品 1mL 于 10mL 具塞试管中,依次加入异丙醇 1.0mL、0.05%十二烷基磺酸钠溶液 1.0mL、醋酸 0.1mL,涡旋 5min,放置 10min,$5000r \cdot min^{-1}$ 离心 10min,取异丙醇层溶液约 0.5mL,并加入 0.01%咖啡因,即得尿液样品供试液。取适量空白尿液(加入异丙醇 1.0mL、0.05%十二烷基磺酸钠溶液 1.0mL、磷酸 $40\mu L$,涡旋 5min,放置 10min,以 $5000r \cdot min^{-1}$ 的速度离心 10min 后所得异丙醇层溶液)、$1\mu g \cdot mL^{-1}$ 尿酸的标准水溶液、某稀释 1000 倍的尿液样品供试液、某稀释 100 倍的尿液样品供试液,注入液相色谱仪,记录色谱图。保留时间 6.0min,咖啡因时间为 3.2min;分离良好,尿酸与咖啡因内标实现基线分离;因尿液等其他样品中具有 256nm 吸收的干扰物质较少,且含量均不高,故对于未受破坏的样品而言,定性定量很准确。即使样品受到人为清洗等一定程度破坏,依然可以有效地检出,这可能由于尿酸具有氨基,故而与色谱填料上的硅羟基吸附较强,简单清洗并不能有效去除,但在弱酸性介质的前处理条件下,尿酸与硅羟基发生吸附,得以检出。

3. 线性关系及检测限

取如 2(2)所述的标准系列溶液,注入液相色谱仪,记录色谱图。

4. 准确度和精密度

(1) 准确度和日内精密度　一日内重复测定高、中、低浓度分别为 $0.02\mu g \cdot g^{-1}$、$0.2\mu g \cdot g^{-1}$、$2\mu g \cdot g^{-1}$($\mu g \cdot mL^{-1}$)真实尿液样 6 次,做准确度和日内精密度的测试实验。

(2) 日间精密度　连续 3 日重复测定高、中、低浓度分别为 $0.02\mu g \cdot g^{-1}$、$0.2\mu g \cdot g^{-1}$、$1\mu g \cdot g^{-1}$($\mu g \cdot mL^{-1}$)尿液模拟样 6 次,测试日间精密度。

(3) 进样精密度　以同一份 $1\mu g \cdot mL^{-1}$ 的尿酸水溶液做色谱进样精密度测定,精密进样 $20.0\mu L$,重复 6 次,测得峰高的 RSD 为 3.50%。

5. 稳定性试验

按含量的 $RSD \leqslant 5\%$ 控制:测定 $50\mu g \cdot mL^{-1}$、$5.0\mu g \cdot mL^{-1}$ 的尿酸水溶液在避光及室温条件下的可保存期限。

6. 尿液的测定

分析未知样品一份。

五、数据处理

1. 获得内标曲线、校正方程及相关系数等。
2. 计算检测限、检出限。
3. 获得日内精密度、日间精密度、回收率及加标曲线。
4. 讨论稳定性及重复次数。

六、思考题

1. 为什么采用常见的反相高效液相色谱法直接测定尿酸会有严重的基质干扰？
2. 如何确定检测限、定量限？有哪些计算方法？
3. 实际样品检测中，如何计算绝对和相对回收率？

【注意事项】

尿液及其加标溶液，黏度较大，不溶于水，易污染六通阀、进样环及进样针，并对下次测定造成污染。故每次进样前均应先用乙腈-水溶液清洗 3～5 次，再用流动相反复洗涤针管。

实验 52　硅酸盐水泥成分的测定

一、实验目的

1. 学习复杂物质分析的方法。
2. 掌握尿素均匀沉淀法的分离技术。

二、实验原理

水泥主要由硅酸盐组成。按我国规定，分成硅酸盐水泥（熟料水泥）、普通硅酸盐水泥（普通水泥）、矿渣硅酸盐水泥（矿渣水泥）、火山灰质硅酸盐水泥（火山灰水泥）、粉煤灰硅酸盐水泥（煤灰水泥）等。水泥熟料是由水泥生料经 1400℃ 以上高温煅烧而成。硅酸盐水泥由水泥熟料加入适量石膏而成，其成分与水泥熟料相似，可按水泥熟料化学分析法进行测定。

水泥熟料、未掺混合材料的硅酸盐水泥、碱性矿渣水泥，可采用酸分解法。不熔物含量较高的水泥熟料、酸性矿渣水泥、火山灰质水泥等酸性氧化物较高的物质，可采用碱熔融法。本实验采用的硅酸盐水泥，一般较易为酸所分解。

SiO_2 的测定可分成容量法和重量法。重量法又因使硅酸凝聚所用物质的不同，分为盐酸干涸法、动物胶法、氯化铵法等，本实验采用氯化铵法。将试样与 7～8 倍固体 NH_4Cl 混匀后，再加 HCl 溶液分解试样，HNO_3 氧化 Fe^{2+} 为 Fe^{3+}。经沉淀分离、过滤洗涤后的 $SiO_2·nH_2O$ 在瓷坩埚中于 950℃ 灼烧至恒重。本法测定结果较标准法约偏高 0.2%。若改用铂坩埚在 1100℃ 灼烧至恒重、经氢氟酸处理后，测定结果与标准法结果比较，误差小于 0.1%。生产上 SiO_2 的快速分析常采用氟硅酸钾容量法。

如果不测定 SiO_2，则试样经 HCl 溶液分解、HNO_3 氧化后，用均匀沉淀法使 $Fe(OH)_3$、$Al(OH)_3$ 与 Ca^{2+}、Mg^{2+} 分离。以磺基水杨酸为指示剂，用 EDTA 络合滴定 Fe^{3+}；以 PAN 为指示剂，用 $CuSO_4$ 标准溶液返滴定法测定 Al^{3+}。Fe^{3+}、Al^{3+} 含量高时，对 Ca^{2+}、Mg^{2+} 测定有干扰。用尿素分离 Fe^{3+}、Al^{3+} 后，Ca^{2+}、Mg^{2+} 是以 GBHA 或铬黑 T 为指示剂，用 EDTA 络合滴定法测定。若试样中含 Ti^{4+} 时，则 $CuSO_4$ 回滴法所测得的实际上是 Al^{3+}、Ti^{4+} 合量。若要测定 TiO_2 的含量，可加入苦杏仁酸解蔽剂，TiY 可成为 Ti^{4+}，再用 $CuSO_4$ 标准溶液滴定释放的 EDTA。如 Ti^{4+} 含量较低时，可用比色法测定。

三、仪器和试剂

仪器：马弗炉；瓷坩埚；干燥器；长、短坩埚钳。

试剂：

（1）EDTA 溶液（0.02mol·L^{-1}）：在台秤上称取 4g EDTA，加 100mL 水溶解后，转移至塑料瓶中，稀释至 500mL，摇匀，待标定。

（2）铜标准溶液（0.02mol·L^{-1}）：准确称取 0.3g 纯铜，加入 3mL 6mol·L^{-1} HCl 溶液，滴加 2～3mL H_2O_2，盖上表面皿，微沸溶解，继续加热赶去 H_2O_2（小泡冒完为止）。冷却后转入 250mL 容量瓶中，用水稀释至刻度，摇匀。

（3）指示剂

1g·L^{-1} 溴甲酚绿 20% 乙醇溶液。

100g·L^{-1} 磺基水杨酸。

3g·L^{-1} PAN 乙醇溶液。

1g·L^{-1} 铬黑 T：称取 0.1g 铬黑 T，溶于 75mL 三乙醇胺和 25mL 乙醇中。

0.4g·L^{-1} GBHA 乙醇溶液。

（4）缓冲溶液

氯乙酸-醋酸铵缓冲液（pH=2）：850mL 0.1mol·L^{-1} 氯乙酸与 85mL 0.1mol·L^{-1} NH_4Ac 混匀；

氯乙酸-醋酸钠缓冲液（pH=3.5）：250mL 2mol·L^{-1} 氯乙酸与 500mL 1mol·L^{-1} NaAc 混匀；

NaOH 强碱缓冲液（pH=12.6）：10g NaOH 与 10g $Na_2B_4O_7·10H_2O$（硼砂）溶于适量水后，稀释至 1L；

氨水-氯化铵缓冲液（pH=10）：67g NH_4Cl 溶于适量水后，加入 520mL 浓氨水，稀释至 1L。

（5）其他试剂

NH_4Cl（固体）；

氨水（1+1）；200g·L^{-1} NaOH 溶液；

浓、6mol·L^{-1}、2mol·L^{-1} HCl 溶液；

500g·L^{-1} 尿素水溶液；浓 HNO_3；

200g·L^{-1} NH_4F 溶液；0.1mol·L^{-1} $AgNO_3$ 溶液；

10g·L^{-1} NH_4NO_3。

四、实验步骤

1. EDTA 溶液的标定

用移液管准确移取 10mL 铜标准溶液，加入 5mL pH=3.5 的缓冲溶液和 35mL 水，加热至 80℃后，加入 4 滴 PAN 指示剂，趁热用 EDTA 滴定至由红色变为绿色，即为终点，记下消耗 EDTA 溶液的体积。平行测定 3 次。计算 EDTA 的浓度。

2. SiO_2 的测定

准确称取 0.4g 试样，置于干燥的 50mL 烧杯中，加入 2.5～3g 固体 NH_4Cl，用玻璃棒混匀，滴加浓 HCl 溶液至试样全部润湿（一般约需 2mL），并滴加 2～3 滴浓 HNO_3，搅匀，小心压碎块状物,盖上表面皿,置于沸水浴上,加热 10min,加热水约 40mL,搅动,以溶解可溶性盐类。过滤,用热水洗涤烧杯和沉淀,直至滤液中无 Cl^- 反应为止(用 $AgNO_3$ 检验),弃去滤液。

将沉淀连同滤纸放入已恒重的瓷坩埚中,低温干燥、炭化并灰化后,于 950℃ 灼烧 30min 取下,置于干燥器中冷却至室温,称量。再灼烧、称量,直至恒重。计算试样中 SiO_2 的质量分数。

3. Fe_2O_3、Al_2O_3、CaO、MgO 的测定

(1)溶样 准确称取约 2g 水泥试样于 250mL 烧杯中,加入 8g NH_4Cl,用一端平头的玻璃棒压碎块状物,仔细搅拌 20min(试样溶解完全与否,与此步仔细搅拌、混匀密切相关)。加入 12mL 浓 HCl 溶液,使试样全部润湿,再滴加浓 HNO_3 4~8 滴,搅匀,盖上表面皿,置于已预热的沙浴上加热 20~30min,直至无黑色或灰色的小颗粒为止。取下烧杯,稍冷后加热水 40mL,搅拌使盐类溶解。冷却后,连同沉淀一起转移到 500mL 容量瓶中,用水稀释至刻度,摇匀后放置 1~2h,使其澄清。然后用洁净、干燥的虹吸管吸取溶液于洁净、干燥的 400mL 烧杯中保存,作为测定 Fe、Al、Ca、Mg 等元素之用。

(2)Fe_2O_3 和 Al_2O_3 含量的测定 准确移取 25mL 试液于 250mL 锥形瓶中,加入 10 滴磺基水杨酸、10mL pH=2 的缓冲溶液,将溶液加热至 70℃,用 EDTA 标准溶液缓慢地滴定至由酒红色变为无色(终点时溶液温度应在 60℃ 左右。终点颜色与试样成分和 Fe 含量有关,终点一般为无色或淡黄色),记下消耗 EDTA 的体积。平行滴定 3 次。计算 Fe_2O_3 含量:

$$w_{Fe_2O_3} = \frac{\frac{1}{2}(cV)_{EDTA} \times M_{Fe_2O_3}}{m_s} \times 100\%$$

式中,m_s 为实际滴定的每份试样的质量。

于滴定铁后的溶液中,加入 1 滴溴甲酚绿,用(1+1)氨水调至黄绿色,然后,加入 15.00mL 过量的 EDTA 标准溶液,加热煮沸 1min,加入 10mL pH=3.5 的缓冲溶液、4 滴 PAN 指示剂,用 $CuSO_4$ 标准溶液滴至茶红色即为终点(随着 Cu^{2+} 的滴入,由络合物 Cu-EDTA 的蓝色和 PAN 的黄色转变为绿色,终点时生成 Cu-PAN 红色络合物,使终点呈茶红色)。记下消耗的 $CuSO_4$ 标准溶液的体积。平行滴定 3 份。计算 Al_2O_3 的含量:

$$w_{Al_2O_3} = \frac{\frac{1}{2}[(cV)_{EDTA} - (cV)_{CuSO_4}] \times M_{Al_2O_3}}{m_s} \times 100\%$$

(3)CaO 和 MgO 含量的测定 由于 Fe^{3+}、Al^{3+} 干扰 Ca^{2+}、Mg^{2+} 的测定,需将它们预先分离。为此,取试液 100mL 于 200mL 烧杯中,滴入(1+1)氨水至红棕色沉淀生成时,再滴入 2mol·L^{-1} HCl 溶液使沉淀刚好溶解。然后加入 25mL 尿素溶液,加热约 20min,不断搅拌,使 Fe^{3+}、Al^{3+} 完全沉淀[此时称为尿素均匀沉淀法。也可用氨水法直接沉淀,但这时,Fe(OH)$_3$ 对 Ca^{2+}、Mg^{2+} 吸附较为严重],趁热过滤,滤液用 250mL 烧杯承接,用 1% NH_4NO_3 热水洗涤沉淀至无 Cl^- 为止(用 $AgNO_3$ 溶液检查)。滤液冷却后转移至 250mL 容量瓶中,稀释至刻度,摇匀。滤液用于测定 Ca^{2+}、Mg^{2+}。

用移液管移取 25mL 试液于 250mL 锥形瓶中,加入 2 滴 GBHA 指示剂,滴加 200g·L^{-1} NaOH 使溶液变为微红色后,加入 10mL pH=12.6 的缓冲液和 20mL 水,用 ED-

TA 标准溶液滴至由红色变为亮黄色，即为终点。记下消耗 EDTA 标准溶液的体积。平行测定 3 次。计算 CaO 的含量。在测定 CaO 后的溶液中，滴加 2mol·L^{-1} HCl 溶液至溶液黄色褪去，此时 pH 值约为 10，加入 15mL pH=10 的氨缓冲液、2 滴铬黑 T 指示剂，用 EDTA 标准溶液滴至由红色变为纯蓝色，即为终点。记下消耗 EDTA 标准溶液的体积。平行测定 3 次。计算 MgO 的含量。

五、思考题

1. 在 Fe^{3+}、Al^{3+}、Ca^{2+}、Mg^{2+} 共存时，能否用 EDTA 标准溶液控制酸度法滴定 Fe^{3+}？滴定 Fe^{3+} 的介质酸度范围为多大？
2. EDTA 滴定 Al^{3+} 时，为什么采用回滴法？
3. EDTA 滴定 Ca^{2+}、Mg^{2+} 时，怎样消除 Fe^{3+}、Al^{3+} 的干扰？
4. EDTA 滴定 Ca^{2+}、Mg^{2+} 时，怎样利用 GBHA 指示剂的性质调节溶液 pH 值？

实验 53 化妆品中山梨酸和脱氢乙酸的检测方法

一、实验目的

1. 掌握高效液相色谱法测定化妆品中山梨酸和脱氢乙酸含量的方法。
2. 了解膏霜、乳液、水类和化妆品中山梨酸、脱氢乙酸/盐等防腐剂的前处理方法。

二、实验原理

山梨酸和脱氢乙酸是化妆品中主要的防腐剂。本方法以甲醇为溶剂提取化妆品中的山梨酸和脱氢乙酸，用高效液相色谱仪进行分离，二极管阵列检测器检测，以保留时间和紫外吸收光谱法定性，以峰面积定量。本方法对山梨酸和脱氢乙酸的检出限均为 6ng，定量下限均为 15ng，如以取样 0.2g 计，检出浓度均为 0.006%，最低定量浓度均为 0.015%。

三、仪器和试剂

仪器：高效液相色谱仪（配二极管阵列检测器）；超声波清洗器；0.45μm 滤膜；离心机，(10000r·min^{-1})；涡旋振荡器；万分之一天平。

试剂：山梨酸（CAS：110-44-1，纯度≥99%）和脱氢乙酸（CAS：520-45-6，纯度≥99%）标准品，使用前用甲醇配制到相应浓度。

混合标准储备液（$\rho=0.6$g·L^{-1}）：准确称取山梨酸和脱氢乙酸标准品各 0.03g，精确至 0.0001g，置于 50mL 容量瓶中，用甲醇溶解并定容。混合标准储备液在 5℃下避光可保存 5 天。

除另有规定外，试剂均为分析纯，水为一级实验用水。甲醇（色谱纯）；乙腈（色谱纯）。

甲酸溶液：取甲酸 1mL 加水至 1000mL。

四、分析步骤

1. 样品预处理

准确称取样品 0.2g（精确至 0.001g），置于具塞比色管中，加入甲醇定容至 10mL，涡旋振荡 30s，使试样与提取溶剂充分混匀，超声提取 20min（工作频率 20～43kHz，200W），必要时以 10000r·min^{-1} 离心 5min。取上清液经 0.45μm 滤膜过滤，滤液作为试样溶液备用。必要时用甲醇稀释滤液备用。

2. 测定

（1）色谱参考条件

色谱柱：十八烷基硅烷键合硅胶填充柱。

流动相：乙腈＋甲酸溶液＝25：75。

流速：1mL·min^{-1}。

检测波长：二极管阵列检测器，检测波长 290nm。

柱温：30℃。

进样量：5μL。

（2）标准曲线的制备　用甲醇将混合标准储备液稀释成含山梨酸和脱氢乙酸 6.00μg·mL^{-1}、12.0μg·mL^{-1}、24.0μg·mL^{-1}、60.0μg·mL^{-1}、150μg·mL^{-1} 的混合标准溶液。依次从混合标准溶液中取 5μL 注入高效液相色谱仪，记录各次色谱峰面积，绘制峰面积-浓度曲线并计算回归方程。

（3）样品测定　取 5μL 待测试样溶液注入高效液相色谱仪，根据峰的保留时间和紫外光谱图定性，根据峰面积用回归方程计算待测试样溶液中山梨酸、脱氢乙酸的浓度，按"3 计算"计算样品中山梨酸或脱氢乙酸/盐的含量。

（4）平行实验　按以上步骤操作，对同一样品独立进行测定获得的两次独立测试结果的绝对差值不得超过算术平均值的 10%。

3. 计算

$$w(山梨酸或脱氢乙酸/盐) = \frac{\rho V}{m \times 10^6} \times 100\%$$

式中　w——样品中山梨酸或脱氢乙酸/盐的质量分数（以山梨酸、脱氢乙酸计），%；

ρ——测试溶液中山梨酸或脱氢乙酸/盐的浓度（以山梨酸、脱氢乙酸计），μg·mL^{-1}；

V——样品定容体积，mL；

m——样品取样量，g。

4. 色谱图（见图 1）

5. 回收率和精密度

测定山梨酸和脱氢乙酸的回收率和相对标准偏差。

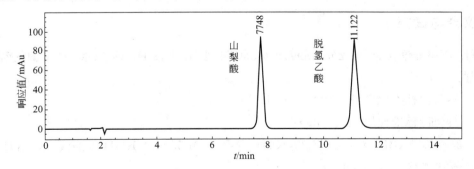

图 1　山梨酸、脱氢乙酸色谱图

色谱峰：山梨酸 t_R=7.7min，脱氢乙酸 t_R=11.1min

实验54 氢化物-原子荧光法测定水样中砷含量

一、实验目的

1. 了解氢化物-原子荧光法的基本原理及定量分析的方法。
2. 学习氢化物-原子荧光光谱仪的使用。
3. 了解氢化物-原子荧光法的特点和应用。

二、实验原理

在一定条件下，气态原子吸收辐射光后，本身被激发成激发态原子，处于激发态上的原子不稳定，跃迁到基态或低激发态时，以光子的形式释放出多余的能量，根据所产生的原子荧光的强度，即可进行物质组成的测定，该方法称为原子荧光分析法（AFS）。在一定条件工作下，原子荧光强度 I_f 与被测物浓度 c 呈正比，即：$I_f = kc$。利用硼氢化物作还原剂，使分析元素转化成共价氢化物，利用氩气将其带入原子化器，进行原子荧光分析，这种方法称为氢化物-原子荧光法（HG-AFS）。

以砷为例，氢化物发生反应过程可表示如下：

$$AsCl_3 + 4NaBH_4 + HCl + 8H_2O == AsH_3 + 4NaCl + 4HBO_2 + 13H_2$$

AsH_3 在200℃分解析出自由As原子。五价砷不能被硼氢化物还原，要测定样品中总砷含量，样品需经酸消解或提取后，用硫脲和抗坏血酸将样品中的五价砷还原为三价砷，再用HG-AFS法测定砷含量，所得结果为样品中总砷含量。HG-AFS可测元素浓度多在 $10^{-8} \sim 10^{-10}$ 范围内，灵敏度很高，线性范围宽（可达3个数量级），可与多种流动注射技术联用，宜于实现自动化，并可同时测定双元素。可测Hg、As、Sb、Bi、Sn、Se、Ge、Te、Pb、Cd、Zn 11种元素，虽然测定元素不多，但它们作为敏感元素，在许多领域都是不可缺少的分析项目。与HG-AAS和HG-ICP-AES相比，HG-AFS更具有特点。目前，HG-AFS测定As、Pb、Hg、Se等元素已成为食品、环境、医药和轻工业产品中的部颁和国家测试标准方法。

三、仪器与试剂

仪器：PF-6非色散原子荧光分光光度计（北京普析通用，见图1）；砷空心阴极灯；氩气钢瓶。

试剂：

(1) As(Ⅲ)标准储备液（$1000 \mu g \cdot mL^{-1}$）。
(2) As(Ⅲ)标准使用液（$10 ng \cdot mL^{-1}$）。
(3) $20 g \cdot L^{-1} KBH_4$ 溶液：将 $20 g KBH_4$ 溶于 $1.0 L 5 g \cdot L^{-1} KOH$ 水溶液中，用时现配。
(4) 载液：2% HCl溶液。
(5) 10%硫脲和10%抗坏血酸混合试剂：称取10g硫脲，加约80mL水，加热溶解，待冷却后加入10g抗坏血酸，加水至100mL。

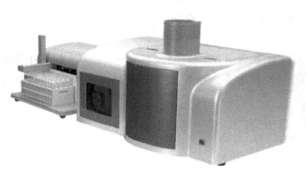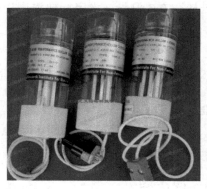

图 1　原子荧光分光光度计及其空心阴极灯

四、实验条件

1. 测量参数

读数时间/s	12
延迟时间/s	2
读数方式	峰面积
测量方法	标准曲线法

2. 进样设置

空白判别值（IF）	3
载液一次进样量/mL	1.5
载液二次进样量/mL	1.5
样品进样量/mL	1.0

3. 载气与温度设置

载气流量/mL·min^{-1}	300
屏蔽气流量/mL·min^{-1}	600
石英炉温度/℃	200
原子化炉高度/mm	8
点火方式	点火

4. 负高压灯电流设置

负高压/V	280
A（B、C）道主灯电流/mA	30
A（B、C）道辅灯电流/mA	30

五、实验步骤

1. 样品的处理

取 10.00mL 水样放入 25mL 容量瓶中，加 1.0mL 10% 硫脲和 10% 抗坏血酸试剂，再加 0.50mL 浓盐酸，用水稀释至刻度，混匀，同时制备样品空白，放置 30min 后测定。

2. 开启氩气（0.25MPa），开启主机、计算机，进入检测程序，仪器自检。

3. 待主气、辅气稳定后，设定仪器参数。选择"标样浓度"为"自动稀释"，选择"自动进样"方式测量。设定标样浓度 10ng，系列标准溶液浓度为：1ng·mL^{-1}，2ng·mL^{-1}，4ng·mL^{-1}，8ng·mL^{-1}，10ng·mL^{-1}，设定标样、样品杯位。

4. 测量

将载液及测量溶液放入设定位置，清洗样品管 3 次，蠕动泵自动开启，逐步打开管压缩器。清洗完毕，将进样管放入还原剂管瓶中，点击点火按钮，选择自动测量，仪器自动分析标准系列及样品。

5. 测试完毕，依次关闭主机和氩气。

6. 处理数据，得到标准曲线和样品浓度。

六、思考题

1. 氢化物原子荧光法分析有何特点？它可以测定哪些元素？
2. 样品处理时，为什么要加硫脲和抗坏血酸试剂？

实验 55　鉴定未知纯组分的结构

一、实验目的

1. 根据未知组分的性质和相态选择合适的仪器分析手段。
2. 能够对得到的实验结果进行分析，调整进一步的分析方法，以便能够快速而准确地得到未知组分的组成或结构。
3. 掌握如何根据紫外、红外、核磁共振和质谱的谱图综合地分析未知有机化合物可能具有的结构。
4. 掌握根据原子发射光谱、质谱、红外等分析手段综合推断无机物的组成。
5. 了解根据标准物质谱图来鉴定未知组分。

二、实验原理

本实验是一个综合实验，在系统地学习了各种仪器分析方法并相对独立地进行了较重要分析仪器的实验的基础上，该实验训练学生如何对一未知样品选择合适的分析手段，运用仪器分析课程中介绍的相关知识，快速而较准确地得到未知样品的组成和结构。可以运用的手段包括仪器分析课程中介绍的并且在学校中有条件运行的仪器分析设备。

三、实验步骤

1. 由于本实验比较复杂，步骤较多，所需要的时间也较长，所以不适合集中地在一段时间内完成，可以将实验时间放宽到 1 周或者更长。

2. 首先将学生分组，每组 4～6 人。由实验教师为每组的学生准备一未知样品（为了减少分析的复杂程度，在本实验中只准备纯组分）。

3. 学生拿到样品以后，分析样品的性质（有机物还是无机物）和状态（固态、液态还是气态）设计第一次分析，写好分析报告（包括为什么选用该分析方法，需要的仪器类型、具体分析方法和具体分析步骤、时间等），并以小组为单位与该设备负责老师预约，得到教师的认可后，根据预约时间进行实验。

4. 学生根据第一次分析的结果初步分析可能的物质和结构，明确哪些结构因素已经可以确认,哪些还需要进一步证实,哪些还不清楚。选择下一步的分析方法,写好该分析方法的报告,经过教师认可后,再进行实验。

5. 重复 3 和 4 步骤,直到完全确定物质和结构。

6. 在实验报告上详细记录结构分析过程,连同每次实验前的分析报告交给教师。

7. 教师根据报告情况,将分析方法选择合适与否,结构推断是否正确,选择时间给学生点评。

实验 56　$K_2Cr_2O_7$ 和 $KMnO_4$ 混合物含量的测定

一、实验目的

1. 通过本实验,了解分光光度法的检测方法。
2. 掌握分光光度计的基本构造和使用方法。
3. 学习分光光度法测定混合物组分的原理和方法。

二、实验原理

当混合物中两组分 x 和 y 吸收光谱相互重叠时,可根据吸光度的加和性,分别在两波长 λ_1 和 λ_2 条件下测定混合物 x 和 y 的总吸光度,然后解联立方程分别求出各自的浓度。

根据吸收曲线选择测定波长时,不一定要选用每个组分最大的吸收波长,而应选择两组分吸收值差别大($\Delta\varepsilon$)而吸收曲线 ε 值随波长变化率($\Delta\varepsilon/\Delta\lambda$)较小的区域内的波长。

根据吸光度的加和性原理,可列方程式求组分 x 和 y 的含量:

$$A_{\lambda_1}^{x+y} = \varepsilon_{\lambda_1}^x \cdot b \cdot c^x + \varepsilon_{\lambda_1}^y \cdot b \cdot c^y$$

$$A_{\lambda_2}^{x+y} = \varepsilon_{\lambda_2}^x \cdot b \cdot c^y + \varepsilon_{\lambda_2}^y \cdot b \cdot c^y$$

式中,$\varepsilon_{\lambda_1}^x$、$\varepsilon_{\lambda_2}^x$、$\varepsilon_{\lambda_1}^y$、$\varepsilon_{\lambda_2}^y$ 分别为组分 x 和 y 在波长 λ_1 和 λ_2 处的摩尔吸光系数;b 为比色皿厚度;c^x 和 c^y 分别为组分 x 和 y 的浓度。

三、仪器和试剂

仪器:分光光度计;比色皿。

试剂:4.00×10^{-2} mol·L^{-1} $K_2Cr_2O_7$ 溶液;5.00×10^{-3} mol·L^{-1} $KMnO_4$ 溶液;0.25 mol·L^{-1} H_2SO_4 溶液。

四、实验步骤

1. 溶液的配制

取 4 个 50mL 容量瓶,分别加入 4.00×10^{-2} mol·L^{-1} $K_2Cr_2O_7$ 溶液 1.00mL、2.00mL、3.00mL 及 4.00mL,以 0.25mol·L^{-1} H_2SO_4 溶液稀释至刻度,摇匀,制得 $K_2Cr_2O_7$ 系列标准溶液,同理配制 $KMnO_4$ 系列标准溶液。

2. 吸收曲线的绘制

取步骤 1 配制的 $K_2Cr_2O_7$ 和 $KMnO_4$ 标准溶液各一份,以 H_2SO_4 溶液为参比溶液,在

400～600nm 波长范围内分别测定其吸收曲线，由吸收曲线确定 λ_1 和 λ_2。

3．标准曲线的绘制

以 H_2SO_4 溶液为参比溶液，在选定的 λ_1 和 λ_2 下分别测定步骤 1 配制的 $K_2Cr_2O_7$ 和 $KMnO_4$ 标准溶液的吸光度，分别绘制两者的标准工作曲线，计算 $\varepsilon_{\lambda_1}^x$、$\varepsilon_{\lambda_2}^x$、$\varepsilon_{\lambda_1}^y$、$\varepsilon_{\lambda_2}^y$。

4．未知试液的测定

取适量未知试液于 50mL 容量瓶中，以 H_2SO_4 溶液定容，分别在波长 λ_1 和 λ_2 处测定其吸光度，求其浓度 c^x 和 c^y。

五、数据处理

1．绘制 $K_2Cr_2O_7$ 和 $KMnO_4$ 的吸收光谱曲线，确定 λ_1 和 λ_2。

2．分别绘制 $K_2Cr_2O_7$ 标准溶液和 $KMnO_4$ 标准溶液在波长 λ_1 和 λ_2 处的 4 条标准曲线，求出 $\varepsilon_{\lambda_1}^x$、$\varepsilon_{\lambda_2}^x$、$\varepsilon_{\lambda_1}^y$、$\varepsilon_{\lambda_2}^y$。

3．求未知试液的浓度。

六、思考题

1．同种比色皿透光度的差异对测定有何影响？
2．本实验的参比溶液是什么？
3．分光光度法同时测定两组分的混合液时，如何选择吸收波长？

实验 57　红外光谱法对果糖和淀粉的定性分析

一、实验目的

1．掌握红外光谱测定的样品制备方法。
2．掌握糖类化合物红外光谱的特征。
3．学习利用红外吸收光谱对有机化合物结构进行定性鉴定的方法。

二、实验原理

当淀粉和葡萄糖受到红外线谱照射，分子吸收某些频率的辐射，其分子振动和转动能级发生从基态到激发态的跃迁，使相应的透射光强度减弱。以红外线的透射比对波数或波长作图，就可以得到淀粉和葡萄糖的红外光谱图。

葡萄糖是自然界分布最广泛的单糖。葡萄糖含五个羟基和一个醛基，具有多元醇和醛的性质。葡萄糖可以以链状或环状的形式存在。

淀粉是多糖类化合物，是绿色植物经光合作用由水和二氧化碳形成的，主要富集于种子、块根、块茎等植物器官中。按照其分子的形状，可以分为直链淀粉和支链淀粉。直链淀粉主要是线型的 α-1,4-葡萄糖苷键连接的葡萄糖聚合物；而支链淀粉是由 α-1,4-葡萄糖苷键、α-1,6-葡萄糖苷键以及少量的 α-1,3-葡萄糖苷键连接的具有分支结构的葡萄糖聚合物。

在红外谱图上，淀粉和葡萄糖有明显的区别，两者红外谱图的差异性，表征了单糖类和多糖类物质的结构不同。

三、仪器和试剂

仪器：傅里叶变换红外光谱仪；玛瑙研钵；药匙；镊子；WS701型红外线快速干燥器；AB135-S电子天平。

试剂：溴化钾（分析纯）；淀粉（分析纯）；葡萄糖（分析纯）；无水乙醇（分析纯）；未知样品A、B、C（样品是葡萄糖、淀粉或者是两者的混合物）。

四、实验步骤

1. 实验前准备

实验前首先开启烘干机，保持实验室内干燥，否则影响仪器的性能并且使样品沾有水分而影响分析图谱。在实验前将所需的药品：溴化钾、样品A、B、C放入烘箱，将模具、镊子、药匙和研钵等用蘸有无水乙醇的纸巾擦拭干净。

2. 开机

打开计算机、进入仪器管理系统后，打开红外光谱仪的开关，预热10min。

3. 制样

用吸附溶剂的脱脂棉将玛瑙研钵和模具擦拭干净，自然晾干备用。以大约200:1的比例，取少量KBr和待测样品置于玛瑙研钵中（样品0.5mg、KBr0.1g），充分研磨至颗粒的直径约为$2\mu m$（肉眼看不到固体颗粒）。将适量研磨好的混合物装于压片模具中（均匀铺在压模内），于压片机上在10MPa压力下压制1min，制成透明的圆形薄片。

4. 测定

① 双击OPUS.EXE文件，进入操作界面。
② 点击"高级测量选项"，调出适合的测量参数。
③ 用空气作背景，点击"背景单通道"进行背景扫描。
④ 将样品装于样品架上，放入样品室，点击"样品单通道"进行样品扫描。
⑤ 对所得红外图谱进行处理，如基线拉平、曲线平滑、标峰位。
⑥ 保存并打印图谱（点击"快速打印"）。
⑦ 测定结束后，取出样品，将研钵、模具、样品架等擦净收好，关机。

五、谱图解析

对所得的红外图谱进行解析，归属主要吸收峰，判断样品A、B、C各为何种物质。

六、思考题

1. 为什么用KBr作为空白及样品的稀释剂？

2. 水、二氧化碳对实验是否有影响？为什么？
3. 试判定该实验中葡萄糖是开链结构、还是环状结构？
4. 由实验归纳葡萄糖和淀粉各有哪些特征吸收峰。

七、仪器介绍

仪器型号：TENSOR 27（见图 1）。

生产厂商：德国布鲁克。

图 1　德国布鲁克 TENSOR 27 红外光谱仪

德国布鲁克 TENSOR27 傅里叶变换红外光谱仪基本操作简介如下。

1. 打开主机电源。
2. 打开电脑，双击 FTIR 软件。
3. 点击测量按钮，计算机自动对傅里叶变换红外光谱仪进行初始化操作，待显示正常，则可进行光谱测定。
4. 光谱测定

① 设置各参数：保存峰位和输入各样品的名称，以及扫描波长范围。

② 扫描背景。

③ 装载样品。

④ 样品预览扫描，然后在谱图区单击 START 开始测试。

⑤ 测试完毕，立即用脱脂棉和溶剂擦拭干净测试部位和压杆。

5. 图谱处理

① 打开文件夹，调出测试的数据文件。

② 扣除图谱中的水和二氧化碳干扰。

③ 调整基线。

④ 标峰位，选择 STORE 保存。

⑤ 点击手动标峰。

⑥ 点击打印图谱。

6. 清洗样品槽和压杆底部位置。
7. 卸掉压杆，关闭样品槽上方的盖子，关机。

【注意事项】

1. 待测样品及所用 KBr 均需充分干燥处理。

2. 研磨时间不宜太长，否则 KBr 粉末吸收空气中的水分太多会干扰谱图分析。
3. 操作仪器时严格按照操作规程进行。

实验 58　荧光分光光度法测定多维葡萄糖粉中维生素 B_2 的含量

一、实验目的

1. 掌握荧光法测定多维葡萄糖粉中维生素 B_2 含量的方法；
2. 了解分子荧光分析法的基本原理；
3. 掌握标准曲线法的原理、方法及其在定量分析中的应用。

二、实验原理

维生素 B_2，又叫核黄素，是橘黄色无臭的针状结晶。维生素 B_2 易溶于水而不溶于乙醚等有机溶剂。在中性或酸性溶液中稳定，光照易分解，对热稳定。

维生素 B_2 水溶液在 430～440nm 蓝光或紫外线照射下会产生绿色荧光，荧光峰在 535nm，在 pH6～7 的溶液中荧光强度最大，在 pH11 的碱性溶液中荧光消失。

多维葡萄糖中含有维生素 B_1、维生素 B_6、维生素 C、维生素 D_2 及葡萄糖，均不干扰维生素 B_2 的测定。

由于维生素 B_2 在碱性溶液中经光线照射，会发生光分解而转化为光黄素，后者的荧光比核黄素的荧光强得多。因此，测量维生素 B_2 的荧光时，溶液要控制在酸性范围内，且需在避光条件下进行。

根据低浓度下维生素 B_2 的含量与荧光强度成正比的原理，本实验根据维生素 B_2 的荧光特性，应用标准曲线法（外标法），检测分析未知试样中维生素 B_2 的含量。首先，在一定条件下，配制一系列具有不同已知浓度的标准溶液，然后在最大的发射波长条件下，分别测量系列溶液的荧光强度，绘制 I_f-c 曲线，从而得到一条通过原点的直线，即得到标准曲线和标准曲线方程（$I_f=kc$）。当需要对某未知液的浓度 c_x 进行测定时，只需要在相同条件下测得未知液的荧光强度 I_x，就可直接在标准曲线上查得 c_x，或者根据标准曲线方程得到（$c_x=I_x/k$）。在实际操作中，应注意调整 c_x 的大小，使其对应的 I_f 处于标准曲线的直线范围（线性范围）之内。

三、仪器和试剂

仪器：公司荧光分光光度计（日本日立公司 F-4600 型）。1000mL、100mL、50mL 容量瓶；25mL、250mL 烧杯；量筒；擦镜纸、吸水纸若干。

试剂：$10\mu g/mL$ 维生素 B_2 标准溶液：准确称取 10.0mg 维生素 B_2 用热蒸馏水溶解后，转入 1L 棕色容量瓶中，冷却后加蒸馏水至标线，摇匀，置于暗处保存；冰乙酸（分析纯）；多维葡萄糖粉试样。

四、实验步骤

1. 标准工作溶液的配制

于 6 只 50mL 容量瓶中，分别加入 10μg/mL 维生素 B_2 标准溶液 0.50mL、1.00mL、1.50mL、2.00mL、2.50mL、3.00mL，再各加入冰乙酸 2.0mL，加水至标线，摇匀。

2. 标准曲线的绘制及多维葡萄糖粉中维生素 B_2 的测定

① 在荧光分光光度计上，用 1cm 荧光比色皿于激发波长 440nm、发射波长 540nm 处，测量标准系列溶液的荧光强度。

② 准确称取 0.15～0.2g 多维葡萄糖粉试样，用少量水溶解后转入 50mL 容量瓶中，加冰乙酸 2mL，摇匀。在相同的测量条件下，测量其荧光强度。平行测定三次。

3. 仪器工作条件的设定

设定仪器最佳工作条件：激发波长、发射波长范围、光电倍增比、激发光及发射光的狭缝宽度、扫描速度等。

五、数据处理

1. 仪器最佳工作条件（见表 1）

表 1　荧光分光光度法测定维生素 B_2 的工作条件

样品	激发波长/nm	发射波长范围/nm	狭缝宽度/mm	PMT 电压/V	扫描速度/nm·min^{-1}

2. 维生素 B_2 标准曲线的绘制（见表 2）

表 2　维生素 B_2 标准工作液的配制及吸光度测定

序号	1	2	3	4	5	6	样品 1	样品 2	样品 3
溶液体积/mL									
冰乙酸	稀释								
荧光强度/a.u.									
维生素 B_2 含量/μg·mL^{-1}									

3. 多维葡萄糖中维生素 B_2 含量的计算

以相对荧光强度为纵坐标，维生素 B_2 的质量为横坐标绘制标准曲线。从标准曲线上查出待测试液中维生素 B_2 的质量，并计算出多维葡萄糖粉试样中维生素 B_2 的百分含量。

六、思考题

1. 试解释荧光光度法较吸收光度法灵敏度高的原因。
2. 维生素 B_2 在 pH6～7 时最强，本实验为何在酸性溶液中测定？

七、注意事项

1. 仪器需预热 30min。
2. 操作过程中注意保护维生素 B_2 的活性。

实验 59 液相色谱法测定水果中果糖、葡萄糖、蔗糖的含量

一、实验目的

1. 掌握从果蔬中提取糖的方法。
2. 掌握液相色谱仪的结构原理。
3. 了解掌握蒸发光散射检测器的原理与结构。

二、实验原理

果实内可溶性糖的种类与含量是影响果实品质的重要因素。这些可溶性糖不仅是影响果实甜度的物质，同时也是酸、类胡萝卜素、维生素 C 等营养成分及芳香物质等合成的基础原料。果实中常见的可溶性糖主要包括蔗糖、果糖、葡萄糖等。这些糖类在改变细胞渗透压、提高植物抗寒力、清除活性氧等方面起着重要的作用。因此，准确测定各类糖的含量对于农产品采后贮藏保鲜机理的研究十分重要。

通常糖的测定方法有比色法、蒽酮-硫酸法、硫酸-咔唑法、气相色谱法等。一般的化学方法只能测定总糖的含量，不能测定糖的组成。气相色谱法虽然可以测定糖的组成，但必须对糖进行衍生化才可以检测，检测步骤烦琐，且不可避免地会产生误差。而高效液相色谱法却可以弥补这一缺点，从而在糖类化合物的测定中得到了广泛的应用。

三、仪器和试剂

仪器：高效液相色谱仪；蒸发光散射检测器；天平；离心机；50mL 离心管。

试剂：乙腈（色谱纯）；氨水；果糖；葡萄糖；蔗糖；纯净水。

四、实验步骤

1. 糖的提取

称取一定量的果肉（2.0～5.0g，视水果品种而定），置于研钵中，向其中加入 20mL 体积分数为 50% 乙腈水溶液，研磨匀浆，定容至 50mL，常温离心（4000r/min，30min），取上清液，进样前通过 0.22μm 微孔滤膜过滤。

2. 标准曲线的制备

准确称取经干燥恒重的果糖、葡萄糖和蔗糖各 0.50g，转移至 25mL 容量瓶中，用超纯水定容至刻度，得质量浓度为 20mg/mL 的混标母液，逐级稀释至 0.2mg·mL^{-1}、0.4mg·mL^{-1}、1mg·mL^{-1}、5mg·mL^{-1}、10mg·mL^{-1}、20mg·mL^{-1} 的标准溶液。进样前通过 0.22μm 微孔滤膜过滤。

3. 色谱条件

色谱柱 BEH Amide 2.1×100mm 1.7μm。流动相：75% 乙腈水溶液含 0.1% 氨水。柱温 35℃。进样量 2μL。蒸发光散射检测器：加热模式，漂移管温度 60℃。仪器设备各参数条件稳定后，进行样品测定。

五、 数据记录与处理

1. 标样数据

样品	果糖	葡萄糖	蔗糖
保留时间			
标样 1			
峰面积 1			
标样 2			
峰面积 2			
……			

2. 绘制三种糖的标准曲线，计算三种糖标线。
3. 根据样品色谱图峰面积积分，计算样品中糖的含量。

六、 思考题

1. 流动相中加入氨水的目的是什么？
2. 蒸发光散射检测器在使用时受到哪些因素的影响？
3. 如何取样才能使样品具有代表性？

七、 注意事项

1. 样品处理不需使用优级纯溶剂，避免混入金属离子使色谱柱失效。
2. 样品必须具有代表性。
3. 操作仪器时严格按照操作规程进行。

实验 60 高效液相色谱法测定碳酸饮料中的苯甲酸

一、 实验目的

1. 掌握高效液相色谱仪的基本结构及操作步骤。
2. 学习掌握液相色谱分离的色谱条件的选择。
3. 学习物质的定性和定量分析方法。

二、 实验原理

苯甲酸是广泛使用的食品防腐剂，其主要作用是防止由微生物的活动而引起的食品变质。但是苯甲酸摄入过量可对人们的健康造成危害。我国食品添加剂使用卫生标准 GB 2760—2011 中规定，在碳酸饮料中苯甲酸的最大使用量为 $0.2g/kg$。苯甲酸可以用甲醇与水的混合流动相进行色谱分离分析；同时苯甲酸为弱酸性化合物，在水中存在部分电离。因此正确选择流动相的极性和缓冲流动相合适的 pH 是决定分离好坏的关键。

三、 仪器和试剂

仪器：Waters 2695 液相色谱仪；二极管阵列检测器；超声波清洗仪。

试剂：

(1) 稀氨水（1+10）：氨水加水按体积1∶10混合。

(2) 乙酸铵溶液（0.02mol·L^{-1}）：称取1.54g乙酸铵，加水至1000mL，溶解，经0.45μm滤膜过滤。

(3) 碳酸氢钠溶液（20g·L^{-1}）：称取碳酸氢钠（优级纯），加水至100mL，振荡溶解。

(4) 苯甲酸标准储备液：准确称取0.1000g苯甲酸，加碳酸氢钠溶液（20g·L^{-1}）5mL，加热溶液，移入100mL容量瓶中，加水定容至100mL，苯甲酸含量为1mg·mL^{-1}作为储备溶液。

四、实验步骤

1. 样品预处理

如果样品含气，取样前用超声波除去二氧化碳，称取10g样品（精确至0.001g）于25mL容量瓶中，用氨水（1+1）调节pH至近中性，用水定容至刻度，混匀，经微孔滤膜过滤，滤液待上机分析。

2. 标准工作溶液的配制

取5个50mL容量瓶配制成浓度为20～100.00mg·L^{-1}的系列标准工作溶液，用蒸馏水稀释至刻度，摇匀。与试样溶液同时测定。

3. 色谱工作条件的设定

色谱柱，C_{18}柱；流动相，甲醇∶乙酸铵（0.02mol·L^{-1}）（5∶95）。

流速：1mL/min；进样量：10μL；检测器：配紫外检测器（230nm）。

4. 测定：根据保留时间定性，外标法峰面积定量。

五、数据记录与处理

1. 标准曲线的绘制（见表1）

表1 苯甲酸标准工作液的配制及色谱测定

序号	1	2	3	4	5	样品
标准储备液体积/mL						
苯甲酸浓度/mg·L^{-1}						
峰面积						

2. 根据样品色谱图峰面积积分，计算样品中山梨酸的含量。

六、思考题

1. 影响苯甲酸、山梨酸保留时间和峰型的因素有哪些？
2. 为什么样品要用氨水调节pH值？

七、注意事项

1. 仪器需预热30min。
2. 样品脱气要充分，色谱柱使用前要平衡。
3. 色谱流动相和进样样品必须过滤。

参考文献

[1] 刘振海主编. 热分析导论. 北京：化学工业出版社，1991.
[2] 蔡正千. 热分析. 北京：高等教育出版社，1993.
[3] 陆昌伟，奚同庚编著. 热分析质谱法. 上海：上海科学技术文献出版社，2002.
[4] 李志富，干宁，颜军编写. 仪器分析实验. 武汉：华中科技大学出版社，2014.
[5] 张剑荣，戚苓，方惠群编. 仪器分析实验. 北京：科学出版社，1996.